# 学习资源展示

课堂案例·课后习题·案例实训

课堂案例：美食剪辑　　　　　所在页码：57页　　　　　学习目标：掌握剪辑的常用工具的用法

课后习题：节庆氛围剪辑　　　　所在页码：62页　　　　　学习目标：掌握剪辑的常用工具的用法

课后习题：宠物剪辑　　　　　　所在页码：62页　　　　　学习目标：掌握剪辑的常用工具的用法

课堂案例：制作电子相册　　　　所在页码：72页　　　　　学习目标：掌握关键帧的使用方法

课堂案例：美食电子相册　　　　所在页码：89页　　　　　学习目标：掌握内滑类过渡效果的使用方法

课后习题：家居视频转场　　　　所在页码：110页　　　　学习目标：掌握多种过渡效果的使用方法

| 课堂案例：拉镜过渡视频 | 所在页码：121页 | 学习目标：掌握变换和镜像效果的使用方法 |

| 课后习题：动态节气海报 | 所在页码：149页 | 学习目标：掌握视频调色的方法 |

| 课后习题：动态清新文字海报 | 所在页码：166页 | 学习目标：掌握动态文字效果的使用方法 |

| 课堂案例：秋景图片 | 所在页码：172页 | 学习目标：掌握Color Replace效果的使用方法 |

课堂案例：旧照片色调　　　　　所在页码：175页　　　　　学习目标：掌握"RGB曲线"效果的使用方法

课堂案例：小清新色调　所在页码：184页　学习目标：掌握"Lumetri颜色"效果的使用方法　　　课后习题：柠檬气泡水　　所在页码：188页　　学习目标：掌握多种调色效果的使用方法

课后习题：温馨朦胧画面　　　　　所在页码：188页　　　　　学习目标：掌握多种调色效果的使用方法

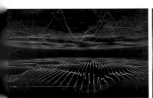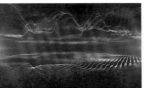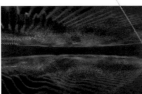

课后习题：可视化音频　　　　　所在页码：202页　　　　　学习目标：掌握音频过渡效果的使用方法

课堂案例：输出MP4格式视频文件　　　　　所在页码：206页　　　　　学习目标：掌握MP4格式文件的输出方法

案例实训：动感快闪视频　　　　　所在页码：218页　　　　　学习目标：掌握快闪类视频的制作方法

案例实训：婚礼开场视频　　　　　所在页码：225页　　　　　学习目标：掌握婚庆类视频的制作方法

案例实训：企业年会视频　　　　　所在页码：232页　　　　　学习目标：掌握企业宣传类视频的制作方法

案例实训：旅游节目片尾视频　　　　所在页码：239页　　　　　学习目标：掌握栏目包装的制作方法

案例实训：宠物电子相册　　　　　所在页码：243页　　　　　学习目标：掌握电子相册的制作方法

# Premiere Pro 2022
# 实用教程

任媛媛 编著

人民邮电出版社
北京

**图书在版编目（CIP）数据**

Premiere Pro 2022实用教程 / 任嫒嫒编著. —— 北京：人民邮电出版社，2023.10
ISBN 978-7-115-62024-8

Ⅰ. ①P… Ⅱ. ①任… Ⅲ. ①视频编辑软件—教材
Ⅳ. ①TP317.53

中国国家版本馆CIP数据核字(2023)第116294号

## 内 容 提 要

本书主要讲解中文版 Premiere Pro 2022 的使用方法与技巧，内容涉及序列、剪辑和标记、关键帧动画、视频过渡、视频效果、字幕、调色、音频效果、输出作品和综合案例等。本书主要针对零基础读者而开发，是指导初学者快速掌握 Premiere Pro 2022 的实用参考书。

全书以各种实用技术为主线，详细介绍了每个技术板块的重点内容，并提供了合适的课堂案例来帮助读者深入学习和快速上手。通过熟悉软件并掌握制作思路，读者可以更好地运用所学知识。另外，除第 1 章和第 11 章外，其他章的最后都安排了课后习题，读者可以结合教学视频进行学习，复习和巩固每章所学的内容。

本书配套的学习资源包括所有课堂案例、课后习题和综合案例的案例文件和在线多媒体教学视频，以及教学 PPT 课件。

本书非常适合作为数字艺术教育培训机构及相关院校的教材，也适合作为初学者学习 Premiere Pro 2022 的自学用书。

◆ 编　著　任嫒嫒
责任编辑　杨　璐
责任印制　马振武

◆ 人民邮电出版社出版发行　　北京市丰台区成寿寺路 11 号
邮编　100164　　电子邮件　315@ptpress.com.cn
网址　https://www.ptpress.com.cn
北京市艺辉印刷有限公司印刷

◆ 开本：787×1092　1/16　　彩插：2
印张：15.75　　　　　　　2023 年 10 月第 1 版
字数：541 千字　　　　　　2023 年 10 月北京第 1 次印刷

定价：59.90 元

读者服务热线：(010)81055410　印装质量热线：(010)81055316
反盗版热线：(010)81055315
广告经营许可证：京东市监广登字 20170147 号

Premiere Pro 2022是Adobe公司推出的一款专业且功能强大的视频编辑软件。该软件提供了完成视频采集、剪辑、填色、音频效果设置、字幕添加和输出等一套完整流程的功能，在电视包装、影视剪辑、自媒体短视频和个人影像编辑等领域应用广泛。

本书是《Premiere Pro 2020实用教程》的升级版。为了给读者提供一本优质的Premiere Pro 2022实用教程，我精心编写了本书，并对图书的体系做了优化。本书不局限于枯燥的参数讲解，更注重介绍软件的使用方法和技巧，让读者能够在短时间内理解软件的操作方法和原理，尽量减少死记硬背，从而能够更加灵活地学习。在内容编写方面，本书力求细致全面、重点突出；在文字叙述方面，言简意赅、通俗易懂；在案例选取方面，强调案例的针对性和实用性。

本书的学习资源包含书中所有课堂案例、课后习题和综合案例的案例文件。为了方便读者学习，本书还提供了所有案例的大型多媒体有声教学视频，这些视频均由专业人士录制，详细讲解了案例的操作步骤，使读者一目了然。另外，为了方便教师教学，本书还提供了配套PPT课件等丰富的教学资源，供任课老师直接使用。

## 本书内容设置

**课堂案例**：详细介绍案例的操作步骤，有助于读者深入掌握Premiere Pro 2022的基础知识和各种工具的使用方法。

**知识点**：讲解大量技术性知识和扩展理论知识，有助于读者深入掌握软件的各项技术。

**技巧与提示**：分析和讲解软件的使用技巧、视频制作过程中的难点和注意事项。

**本章小结**：总结每一章的学习要点和核心技术。

**课后习题**：帮助读者强化每章的学习内容。

本书的参考学时为48，其中教师授课环节为32学时，学生实训环节为16学时。各章的参考学时如下表所示（本表仅供参考，教师可根据实际情况灵活安排）。

| 章 | 课程内容 | 学时分配 | |
| --- | --- | --- | --- |
| | | 讲授 | 实训 |
| 第1章 | Premiere Pro 2022概述 | 1 | 0 |
| 第2章 | 编辑素材与序列 | 2 | 1 |
| 第3章 | 剪辑和标记 | 2 | 1 |
| 第4章 | 关键帧动画 | 4 | 2 |
| 第5章 | 视频过渡 | 4 | 2 |
| 第6章 | 视频效果 | 4 | 2 |
| 第7章 | 字幕 | 2 | 2 |
| 第8章 | 调色 | 4 | 2 |
| 第9章 | 音频效果 | 2 | 1 |
| 第10章 | 输出作品 | 1 | 1 |
| 第11章 | 综合案例 | 6 | 2 |
| 学时总计 | | 32 | 16 |

由于编者水平有限，书中难免存在疏漏和不足之处，欢迎广大读者批评指正。

编者
2023年4月

# 资源与支持 RESOURCES AND SUPPORTS

本书由"数艺设"出品,"数艺设"社区平台(www.shuyishe.com)为您提供后续服务。

## 配套资源

课堂案例、课后习题和综合案例的案例文件。

多媒体教学视频。

配套教学PPT课件。

资源获取请扫码

（提示：微信扫描二维码关注公众号后，输入51页左下角的5位数字，获得资源获取帮助。）

"数艺设"社区平台, 为艺术设计从业者提供专业的教育产品。

## 与我们联系

我们的联系邮箱是 szys@ptpress.com.cn。如果您对本书有任何疑问或建议，请您发邮件给我们，并请在邮件标题中注明本书书名及ISBN，以便我们更高效地做出反馈。

如果您有兴趣出版图书、录制教学课程，或者参与技术审校等工作，可以发邮件给我们。如果学校、培训机构或企业想批量购买本书或"数艺设"出版的其他图书，也可以发邮件联系我们。

## 关于"数艺设"

人民邮电出版社有限公司旗下品牌"数艺设"，专注于专业艺术设计类图书出版，为艺术设计从业者提供专业的图书、视频电子书、课程等教育产品。出版领域涉及平面、三维、影视、摄影与后期等数字艺术门类，字体设计、品牌设计、色彩设计等设计理论与应用门类，UI设计、电商设计、新媒体设计、游戏设计、交互设计、原型设计等互联网设计门类，环艺设计手绘、插画设计手绘、工业设计手绘等设计手绘门类。更多服务请访问"数艺设"社区平台www.shuyishe.com。我们将提供及时、准确、专业的学习服务。

# 目录
## CONTENTS

# 1

第 章

# Premiere Pro 2022概述

本章主要讲解 Premiere Pro 2022的基础知识和行业应用。通过本章的学习，读者不仅可以对软件有一个初步的了解，还可以学会对软件进行前期设置，以方便后续工作。

## 课堂学习目标

◇ 了解软件的行业应用
◇ 熟悉软件的操作界面
◇ 熟悉软件的相关理论
◇ 掌握软件的前期设置

# 1.1 Premiere Pro 2022的行业应用

Premiere Pro是一款非线性视频编辑软件，用户可以在编辑的视频中随意替换、放置和移动视频、音频及图像素材。作为Adobe家族的一员，Premiere Pro可以与Photoshop、After Effects和Audition等软件无缝衔接，极大地提升用户的制作效率。相较于以往的版本，Premiere Pro 2022增加了许多协作性的功能，并大幅改进了文字编辑工具。图1-1所示是Premiere Pro 2022的启动界面。

Premiere Pro是日常工作和生活中常用的剪辑软件之一。通过它，我们不仅可以进行专业视频的剪辑（如电影、电视节目），还可以剪辑网络常见的Vlog等短视频。近年来，短视频App的迅速普及拓展了剪辑软件的使用维度，让以前只有专业人士才会使用的软件逐渐普及到普通用户。

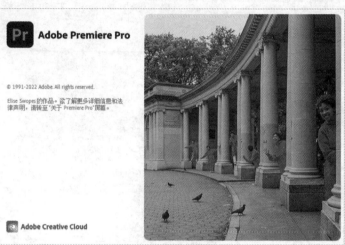

图1-1

# 1.2 Premiere Pro 2022的操作界面

下面我们来熟悉一下Premiere Pro 2022的操作界面，这样在后续的学习和工作中，就可以快速使用界面中的面板和工具。

启动软件后，会弹出"主页"面板，如图1-2所示。在该面板中可以创建新的项目，也可以打开已有的项目。同时，面板下方还会展示最近编辑过的项目，以便快速打开。面板的中部提供了入门级的在线培训视频，方便用户进行学习。

图1-2

📝 **技巧与提示**

切换到"学习"选项卡，面板中会显示一些网络学习课程，如图1-3所示，方便用户进一步学习剪辑操作方法。

图1-3

单击"新建项目"按钮 新建项目... ，会切换到"导入"界面，如图1-4所示。这与以往的版本存在较大的差异。在界面中，可以设置项目的名称、位置和序列名称等信息。

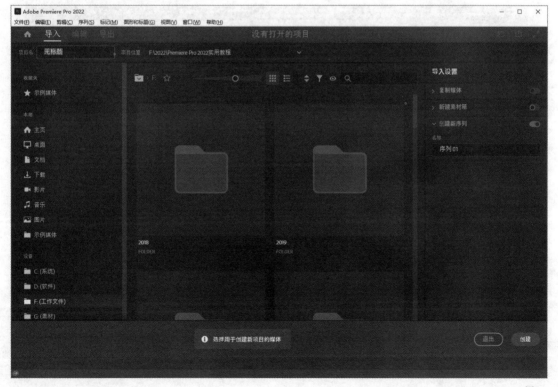

图1-4

设置完成后，单击"创建"按钮 ，就可以切换到"编辑"界面，如图1-5所示。高亮显示的部分是当前显示的面板，未高亮显示的部分是隐藏的面板。

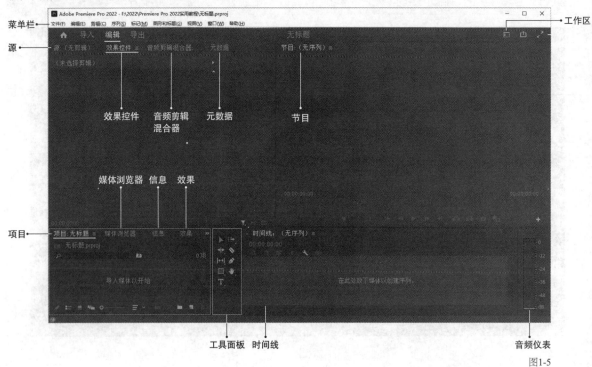

图1-5

**菜单栏：** 可以打开、保存和导出项目，执行各种剪辑命令，打开其他面板或窗口。

**源：** 该面板是一个监视器，可以观察源素材的详细情况，还可以对其进行一定的编辑，如图1-6所示。

图1-6

> 📝 **技巧与提示**
>
> 双击面板的名称，可以使该面板最大化显示。

**节目：** 与源监视器一样，也是一个监视器。不同的是，在这个监视器中可以观察序列的整体情况，还可以对其进行一定的编辑，如图1-7所示。

图1-7

**效果控件：** 在该面板中可以为剪辑序列添加属性的关键帧，添加"效果"面板中的视频或音频效果后，也可以在此处对这些效果进行属性修改。读者可以将其简单理解为参数面板，如图1-8所示。

图1-8

**音频剪辑混合器：** 该面板造型类似音频工作室的硬件设备，可以将不同音轨进行混合后应用到剪辑中，如图1-9所示。

**元数据：** 显示剪辑的各种数据，如图1-10所示。

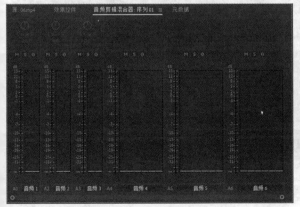

图1-9

图1-10

**工作区：**对于不同的应用领域展示不同的界面布局，默认情况下使用"编辑"工作区。图1-11所示是"效果"工作区的面板分布。

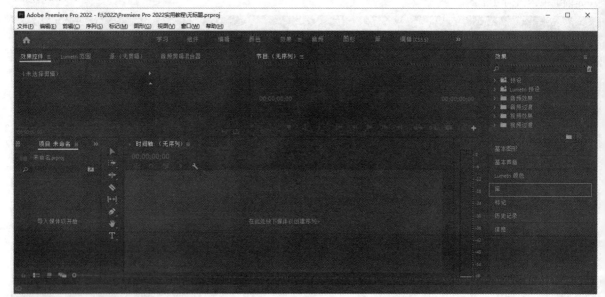

图1-11

### 📋 知识点：自定义工作区菜单选项

用户除了选择系统提供的不同工作区外，还可以自定义适合自己的工作区。

单击"工作区"按钮📐，在弹出的下拉菜单中选择"编辑工作区"选项，如图1-12所示。

此时系统会弹出"编辑工作区"对话框，如图1-13所示。在该对话框中选择想要移动的工作区名称，按住鼠标左键拖动相应的选项到合适位置，然后松开鼠标即可完成移动，单击"确定"按钮 确定 就能完成对工作区界面的修改。

如果要删除工作区，可先选择需要删除的工作区，然后单击"编辑工作区"对话框左下角的"删除"按钮 删除 ，即可删除该工作区，如图1-14所示。删除工作区后，在下次启动Premiere Pro时，将使用默认的新工作区。

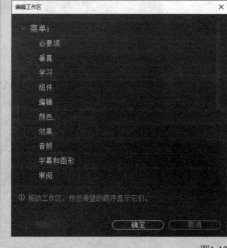

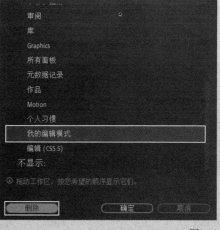

图1-12　　　　　　　　　　　图1-13　　　　　　　　　　　图1-14

在完成自定义工作区菜单选项后，界面会随之变化。若想存储自定义的工作区，可以执行"窗口>工作区>另存为新工作区"菜单命令。执行"窗口>工作区>重置为已保存的布局"菜单命令（或按快捷键Alt+Shift+0），即可重置工作区，使界面恢复到默认布局。

**项目:** 在该面板中可以导入外部素材,并对素材进行管理,如图1-15所示。

**媒体浏览器:** 在该面板中可以直接找到本机或云端的团队素材文件,不需要额外打开文件夹查找,如图1-16所示。

图1-15

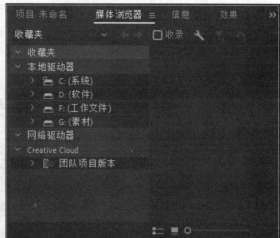

图1-16

**信息:** 该面板中会显示所选素材、序列剪辑或过渡的信息。

**效果:** 该面板中包含视频、音频和过渡的各种滤镜效果。通过上方的搜索框可以快速查找需要的滤镜,如图1-17所示。

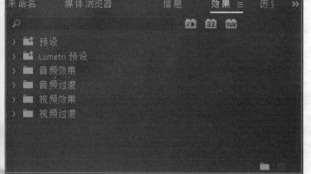

图1-17

📝 **技巧与提示**

　　单击"效果"面板右上角的 ▶▶ 按钮,还可以选择"历史记录"面板以将其打开,如图1-18所示。

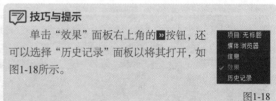

图1-18

**工具面板:** 该面板中集合了在剪辑中所使用的一些工具,默认情况下使用"选择工具" ▶,如图1-19所示。

**时间线:** 大部分编辑工作需要在时间线中完成。用户可以将多个素材放在时间线中形成序列,并对这个序列进行编辑,如图1-20所示。

**音频仪表:** 当播放音频时,可以观察仪表中音频左右声道的强度,观察是否有爆音的出现,如图1-21所示。

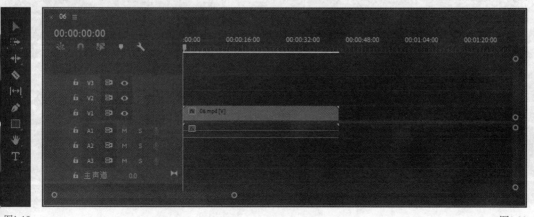

图1-19

图1-20　　　　　图1-21

### ■ 知识点：面板位置和大小的调整

与其他Adobe软件一样，Premiere Pro面板的位置、大小和数量也是可以随意调整的。用户可以根据自己的需求，调整出适合自己的工作区。

当按住鼠标左键拖曳面板时，可以将选中的面板移动到界面的任意位置。当移动的面板与其他面板的区域相交时，相交的面板区域会变亮，如图1-22所示。变亮的位置决定了移动的面板所插入的位置。如果想让面板自由浮动，就需要在拖曳面板的同时按住Ctrl键。

在面板的左上角或右上角单击■按钮，会弹出面板菜单，如图1-23所示。在面板菜单中可以选择面板的状态。

如果想调整面板的大小，可以将鼠标指针放在相邻两个面板的分界线上，鼠标指针会变成■形状，此时按住鼠标左键并拖曳，就能调整相邻两个面板的大小，如图1-24所示。

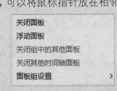

图1-23

图1-22

图1-24

若想同时调整多个面板的大小，可以将鼠标指针放在多个面板的交界位置，鼠标指针会变成■形状，此时按住鼠标左键并拖曳，就能同时调整多个面板的大小，如图1-25所示。

图1-25

# 1.3 Premiere Pro的相关理论

在学习操作Premiere Pro之前,要先了解一些与软件有关的理论知识,以方便后面内容的学习。

## 1.3.1 常见的播放制式

世界上主要使用的电视广播制式有PAL(Phase Alteration Line,逐行倒相)、NTSC[National Television Standards Committee,(美国)国家电视标准委员会]和SECAM(Sequentiel Couleur A Memoire,按顺序传送彩色与存储)这3种。我国大部分地区都使用PAL制式。不同制式的帧频、分解率、信号带宽、载频和色彩空间的转换关系等不同。

### 1.PAL制式

相比NTSC制式,PAL制式克服了相位明暗造成的色彩失真的缺点。这种制式采用25帧/秒的帧速率,标准分辨率为720像素×576像素。图1-26所示为"新建序列"对话框中的PAL制式类型。

图1-26

### 2.NTSC制式

NTSC制式采用29.97帧/秒的帧速率,标准分辨率为720像素×480像素。图1-27所示为"新建序列"对话框中的NTSC制式类型。

图1-27

### 3.SECAM制式

与PAL制式一样,SECAM制式也解决了NTSC制式相位失真的缺点,它采用时间分隔法来传送两个色彩信号。这种制式采用25帧/秒的帧速率,标准分辨率为720像素×576像素。

## 1.3.2 帧速率

帧速率即帧/秒(frames per second,fps),是指画面每秒传送的帧数。"帧"为视频中最小的时间单位。例如,30帧/秒是指1秒钟传送30帧画面,而每一帧则对应一个画面。由此可以得出,30帧/秒的视频在播放时要比15帧/秒的视频画面更加流畅。

## 1.3.3 分辨率

在制作视频时,经常会听到720P、1080P和4K这些叫法,这些数字就代表了视频的分辨率,P是progressive scanning

的缩写，意为逐行扫描。720P表示720条水平扫描线，分辨率一般为1280像素×720像素；1080P表示1080条水平扫描线，分辨率一般为1920像素×1080像素；4K通常表示分辨率为4096像素×2160像素。如图1-28所示。

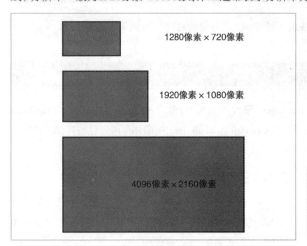

分辨率是用于度量图像内数据量多少的一个参数。例如，1280像素×720像素表示横向和纵向的有效像素分别为1280和720，在普通屏幕上播放视频时会很清晰，而在较大的屏幕上播放视频时就会模糊。

📝 技巧与提示

计算机领域通常采用二进制运算，而且用构成图像的像素数量来描述数字图像的大小。当像素数量巨大时，就会用K来表示，如$4K=2^{12}=4096$。

图1-28

## 1.3.4 像素长宽比

与分辨率的宽和高不同，像素长宽比是指放大画面后看到的每一个像素的长度和宽度的比例。由于播放设备本身的像素长宽比不是1∶1，因此在播放设备上播放作品时，就需要修改像素长宽比。图1-29所示是"方形像素"和"D1/DV PAL宽银幕16∶9"两种像素长宽比的对比效果。

通常在计算机上播放的视频的像素长宽比为1.0，而在电视机、电影放映机等设备上播放的视频像素长宽比大于1.0。如果要在新建序列时更改像素长宽比，需要先在"设置"选项卡中设置"编辑模式"为"自定义"，然后在"像素长宽比"下拉列表中选择需要的像素长宽比类型，如图1-30所示。

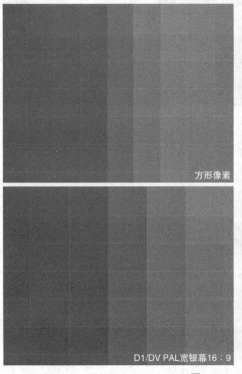

图1-29

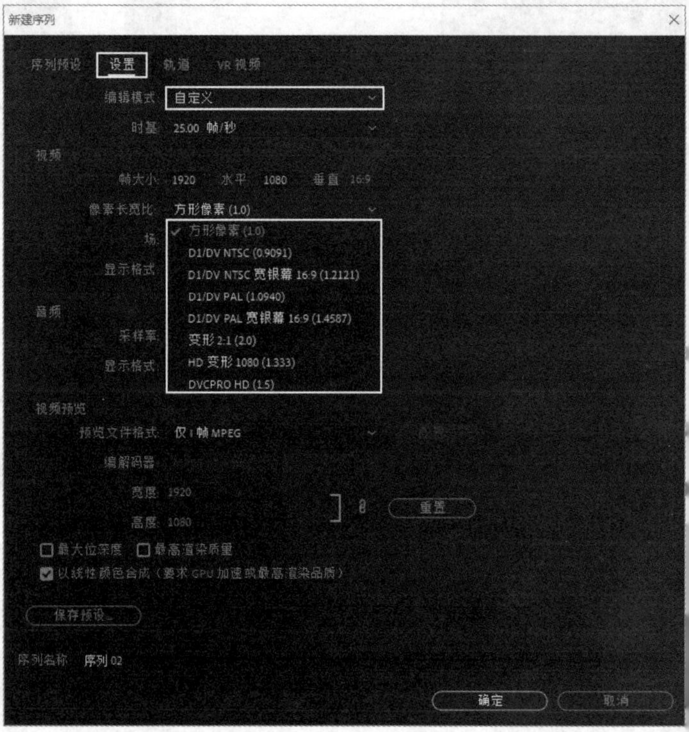

图1-30

# 1.4 Premiere Pro 2022的前期设置

在进行剪辑工作之前,需要对软件进行一些前期设置,以方便后续制作。

## 1.4.1 Premiere Pro 2022对计算机的要求

随着Premiere Pro的不断更新,它对计算机配置的要求越来越高。表1-1列出了Premiere Pro 2022对计算机配置的要求。

表1-1　　　安装和运行Premiere Pro 2022的计算机配置要求

| 配置 | 基础型号 | 高级型号 |
| --- | --- | --- |
| 操作系统 | Windows 10（64位）及以上 | Windows 10（64位）及以上 |
| CPU | Intel 酷睿i5 10400F | Intel 酷睿i9 12900K |
| 内存 | 16GB | 16GB以上 |
| 显卡 | NVIDIA GTX 1060 | NVIDIA RTX 20/30/40系列 |
| 硬盘 | 1TB | 1TB |
| 电源 | 500W | 600W |

## 1.4.2 首选项

执行"编辑>首选项>常规"菜单命令,就可以打开"首选项"对话框,如图1-31所示。在该对话框中可以对软件的外观和自动保存等选项进行设置。

切换到"外观"选项卡,可以设置软件界面的亮度。默认情况下,软件界面是黑色的,当向右移动亮度滑块时,界面的颜色会由黑色变为深灰色,如图1-32所示。与Photoshop不同,Premiere Pro没有浅色的界面,深色界面可以帮助用户更好地感受素材的颜色。

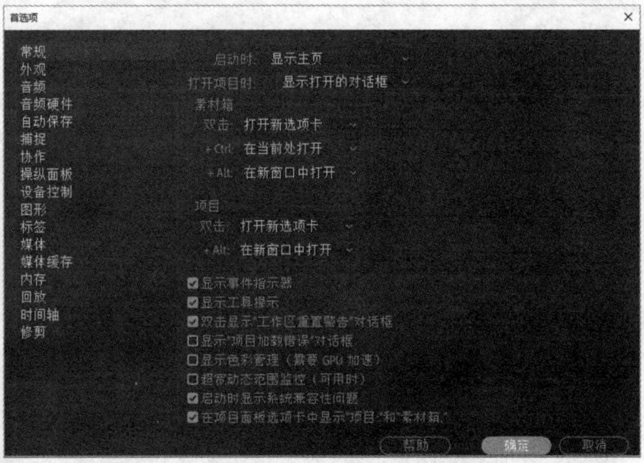

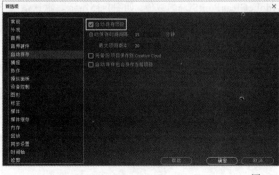

图1-31 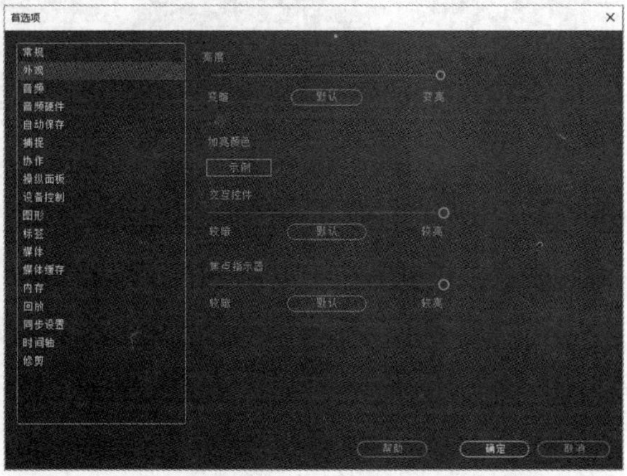　　　　　　　　　　　　　　　　　　　　　　　　　　　　图1-32

当遇到停电或软件突然崩溃的情况时,最怕没有保存已经处理好的视频。如果不保存,就会丢失之前所做的一切工作,白白浪费精力。

切换到"自动保存"选项卡,然后勾选"自动保存项目"选项,就可以自动保存项目文件,如图1-33所示。不仅可以设置自动保存的时间间隔,还可以设置最大项目版本。如果勾选"将备份项目保存到Creative Cloud"选项,就会在用户的Adobe账号中自动保存项目文件,用户无论使用哪台计算机,只要登录自己的Adobe账号,就可以找到备份文件并进行编辑。

图1-33

设置完成后，单击"确定"按钮 确定 就可以保存之前设置的各项参数。单击"取消"按钮 取消 则会取消设置。

## 1.4.3 快捷键

相较于使用鼠标，使用快捷键可以更快速地执行一些命令。执行"编辑>快捷键"菜单命令，可以打开"键盘快捷键"对话框，如图1-34所示。在对话框中可以查看已有的快捷键，也可以添加新的快捷键。

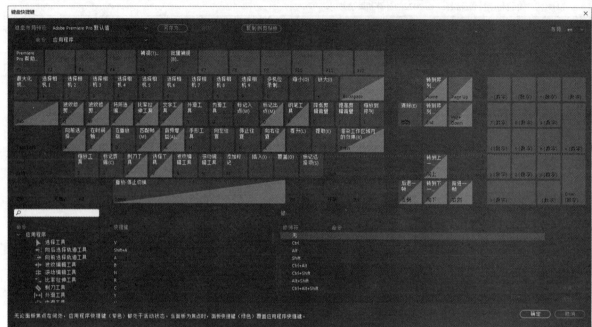

图1-34

> **技巧与提示**
>
> "附录A　常用快捷键一览表"中罗列了常用的快捷键，读者可自行查阅。

## 1.4.4 界面字体大小

默认情况下，Premiere Pro界面的字体较小，导致用户不方便查看，通过软件的设置，可以调大界面的字号。

按快捷键Ctrl+F12打开"控制台"面板，然后调整AdobeCleanFontSize的数值，如图1-35所示。默认情况下，该数值为12，这里将其调整为16。调整完成后，重启软件，界面中文字的大小就会改变。

> **技巧与提示**
>
> 在After Effects中，使用相同的快捷键也能打开"控制台"面板，从而调整界面字体的大小。需要注意的是After Effects只允许用户更改部分界面字体的大小，一些参数的字体大小则不能更改。

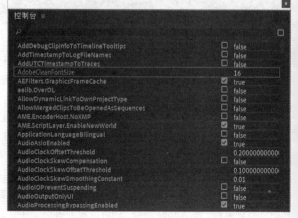

图1-35

第 **2** 章

# 编辑素材与序列

　　本章主要讲解素材文件的导入和编辑，以及序列的创建与编辑，这样就能完成简单的剪辑效果。

## 课堂学习目标

◇　熟悉素材文件导入方法

◇　掌握素材文件编辑方法

◇　掌握序列的创建与编辑方法

# 2.1 导入素材文件

剪辑的第一步就是导入所需的各种素材文件,包括视频素材、序列素材和PSD素材等。下面逐一介绍导入方法。

**本节重点内容**

| 重点内容 | 说明 | 重要程度 |
|---|---|---|
| 项目面板 | 展示导入的素材文件 | 高 |

## 2.1.1 导入视频素材文件

无论导入哪种类型的素材,都可以用以下3种方式。

**第1种:**执行"文件>导入"菜单命令(快捷键Ctrl+I),在弹出的"导入"对话框中选择需要导入的素材文件。

📝 **技巧与提示**

双击"项目"面板空白处也可以打开"导入"对话框。

**第2种:**从"媒体浏览器"中选择需要导入的素材文件。

**第3种:**直接将素材文件拖入"项目"面板中。

导入视频素材文件后,"项目"面板中会显示导入文件的缩略图、素材名称和时长,如图2-1所示。

单击"从当前视图切换到列
表视图"按钮,可以将素材从
缩略图模式切换为列表视图模
式,如图2-2所示。

图2-1

图2-2

## 2.1.2 导入序列素材文件

这里的序列素材文件是指由多张图片组成的序列文件,常见于制作动画所渲染的序列帧。在"导入"对话框中选择序列帧中的任意一帧,然后勾选下方的"图像序列"选项,接着单击"打开"按钮,就可以将序列帧图片导入"项目"面板,如图2-3所示。导入的序列帧会生成一个独立的素材文件,如图2-4所示。

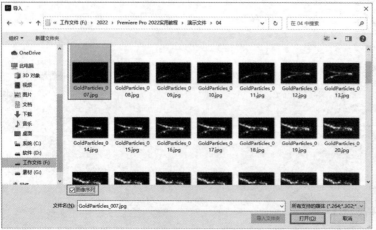

图2-3

图2-4

# 2.1.3 导入PSD素材文件

PSD文件由多个图层组成，在导入PSD素材文件时，会弹出"导入分层文件"对话框，如图2-5所示。单击"导入为"下拉列表，可以在列表中选择图层的导入形式，如图2-6所示。

保持默认的"合并所有图层"选项时，导入的PSD素材文件会生成一个文件，如图2-7所示。

图2-5                    图2-6                    图2-7

---

📝 **技巧与提示**

其他格式的图片文件只需要直接导入即可，不需要进行额外的操作。

---

📇 课堂案例

## 导入素材文件

| | |
|---|---|
| 案例文件 | 案例文件>CH02>课堂案例：导入素材文件 |
| 视频名称 | 课堂案例：导入素材文件.mp4 |
| 学习目标 | 掌握导入素材文件的方法 |

本案例需要将素材文件夹中的素材导入"项目"面板中。

01 启动软件，在"导入"界面中设置"项目名"和"项目位置"，然后单击"创建"按钮 创建 ，如图2-8所示。

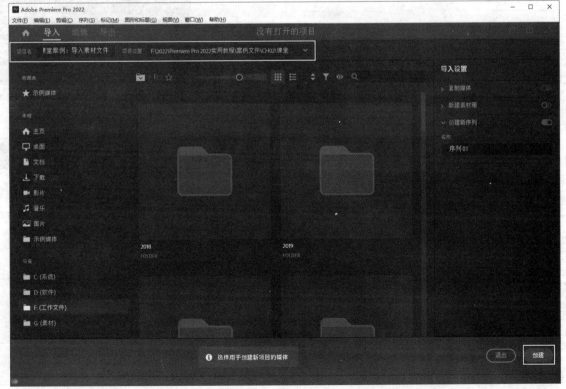

图2-8

02 双击"项目"面板的空白区域，在弹出的"导入"对话框中选择本书学习资源"案例文件>CH02>课堂案例：导入素材文件"文件夹中的"视频.mov"文件，单击"打开"按钮 打开(O) ，如图2-9所示。选中的文件会出现在"项目"面板中，如图2-10所示。

图2-9

图2-10

03 再次双击"项目"面板的空白区域，在弹出的"导入"对话框中选中本书学习资源文件夹中的"序列帧"文件夹，如图2-11所示。

图2-11

04 双击打开选中的文件夹，然后选中任意一张序列帧图片，勾选下方的"图像序列"选项，单击"打开"按钮 打开(O) ，如图2-12所示。导入的序列帧图片会在"项目"面板中形成一个独立的文件，如图2-13所示。

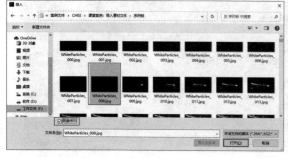

图2-12

图2-13

05 继续双击"项目"面板的空白区域，在弹出的"导入"对话框中选择本书学习资源文件夹中的"图片.jpg"文件，单击"打开"按钮 打开(O) ，如图2-14所示。导入的图片会显示在"项目"面板中，如图2-15所示。至此，本案例制作完成。

图2-14

图2-15

## 2.2 编辑素材文件

　　导入素材文件之后，我们可以在"项目"面板中对导入的素材进行一些管理，包括打包、编组、重命名和替换等，这样会方便我们在制作项目时快速调用素材。

**本节重点内容**

| 重点内容 | 说明 | 重要程度 |
| --- | --- | --- |
| 项目管理 | 用于打包素材 | 高 |
| 素材箱 | 编组素材 | 高 |
| 重命名 | 对导入的素材进行重命名 | 高 |
| 替换素材 | 替换导入的素材 | 中 |

## 2.2.1 打包素材

在制作剪辑文件时，素材可能不会都放在同一个文件夹中。当需要在其他计算机上继续剪辑时，需要将素材打包到一个文件夹中，以免素材丢失。下面介绍具体的操作方法。

**第1步：** 执行"文件>项目管理"菜单命令，会弹出"项目管理器"对话框，如图2-16所示。

图2-16

**第2步：** 选择"收集文件并复制到新位置"选项，然后在下方单击"浏览"按钮 浏览 ，选择收集素材的文件夹路径，如图2-17所示。

图2-17

**第3步：** 设置完毕后单击"确定"按钮 确定 ，会弹出提示对话框，这里单击"是"按钮 是 ，如图2-18所示。

**第4步：** 在设置的新文件夹路径中可以找到收集的所有素材文件。

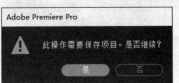

图2-18

## 2.2.2 编组素材

同类型的素材文件可以归类成组，这时就需要用到素材箱。可以通过素材箱对素材进行分组管理，方便用户根据类型选取、调用素材。下面介绍具体方法。

**第1步：** 单击"新建素材箱"按钮 ，会在"项目"面板中创建一个新的素材箱，如图2-19所示。

图2-19

**第2步：** 用户可以对新建的素材箱进行命名，方便对素材进行分类管理。将相同类型的素材文件拖入素材箱中，就可以对其进行分类管理，如图2-20所示。切换为列表视图模式会更加直观，如图2-21所示。

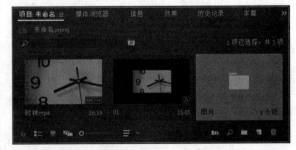

图2-20

图2-21

📝 **技巧与提示**

"项目"面板中可以存在多个素材箱，且素材箱之间也可以进行嵌套。

## 2.2.3 重命名素材

有时导入的素材名称不方便识别，需要对其进行重命名。下面介绍重命名素材的方法。

**第1步：**选中需要重命名的素材，单击鼠标右键，在弹出的菜单中选择"重命名"选项，如图2-22所示。

**第2步：**输入素材的重命名名称，然后按Enter键确认，如图2-23所示。

图2-22

图2-23

> 📝 **技巧与提示**
>
> 双击素材的名称也可以快速对其进行重命名。

## 2.2.4 替换素材

在制作时会碰到素材已经添加了一些属性，但发现素材不合适，需要更换新素材的情况。如果将素材直接删除，已经添加的属性也会跟着删除，导致之前所做的工作全都无效。替换素材就可以解决这个烦恼，只替换原始素材文件，而不会更改已经添加的属性。具体操作方法如下。

**第1步：**在需要被替换的素材上单击鼠标右键，然后在弹出的菜单中选择"替换素材"选项，如图2-24所示。

**第2步：**在弹出的"替换'01.mp4'素材"对话框中，选择"时钟.mp4"文件，并单击"选择"按钮 选择 ，如图2-25所示。此时，"项目"面板中的01.mp4文件就会被替换为"时钟.mp4"文件，如图2-26所示。

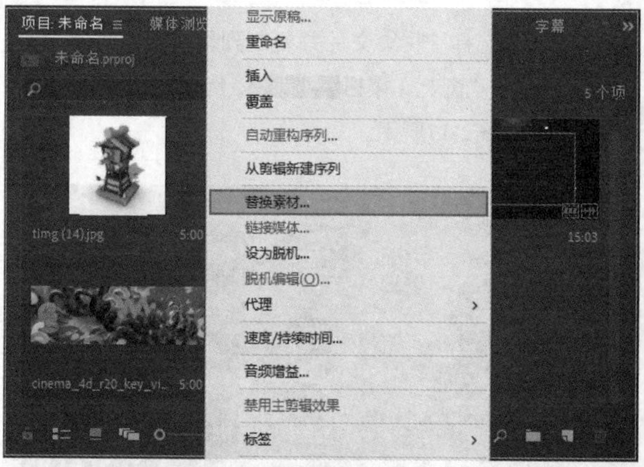

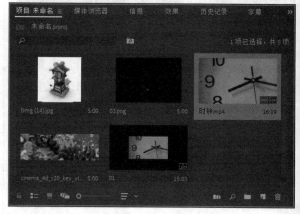

图2-24

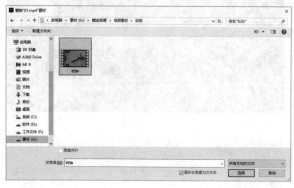

图2-25

图2-26

## 知识点：丢失素材文件的处理方法

当我们打开某些项目文件时，系统会弹出提示错误的对话框，如图2-27所示。

这种情况代表原有路径的素材文件存在缺失，造成这种情况的原因有以下3种。

**第1种：** 移动了素材文件的位置。

**第2种：** 误删了素材文件。

**第3种：** 修改了素材文件的名称。

图2-27

下面介绍两种方法进行修改。

**查找：** 这种方法适用于素材文件名称未修改，只移动了素材位置的情况。单击"查找"按钮 查找 ，在弹出的对话框左侧选择文件可能存在的路径，然后单击右下角的"搜索"按钮 搜索 ，如图2-28所示。

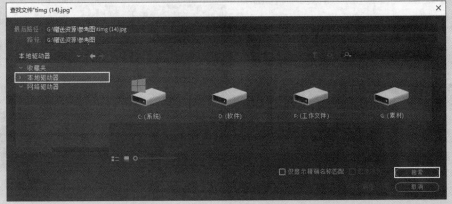

图2-28

此时系统会在选择的路径内进行查找，搜索完毕后，如果搜索到与缺失的素材文件相同名称的文件，则可以勾选"仅显示精确名称匹配"选项，并单击"确定"按钮 确定 ，如图2-29所示。

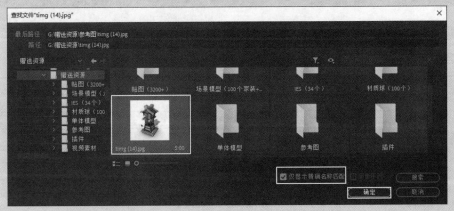

图2-29

**脱机：** 这种方法适用于素材名称被修改或素材文件被删除的情况。单击"脱机"按钮 ⬛⬛ 脱机 ⬛⬛ ，此时在节目监视器中可以发现内容显示为红色，且"时间线"面板中的剪辑也显示为红色，如图2-30和图2-31所示。

图2-30　　　　　　　　　　　　　　　　　　　　　　　　　图2-31

在"项目"面板中选中缺失的素材文件，然后单击鼠标右键，在弹出的菜单中选择"替换素材"选项，接着在弹出的对话框中找到缺失的素材或可代替的素材，并单击"选择"按钮 选择 ，如图2-32和图2-33所示。此时在节目监视器中就可以看到替换后的素材，如图2-34所示。

图2-32

图2-33　　　　　　　　　　　　　　　　　　　　　　　图2-34

# 2.3 创建和编辑序列

新建序列后，"时间线"面板上就会显示序列。将素材文件放置在序列的不同轨道上，节目监视器中就会显示效果。

**本节重点内容**

| 重点内容 | 说明 | 重要程度 |
|---|---|---|
| 序列 | 创建新序列 | 高 |
| 序列面板 | 编辑序列 | 高 |
| 切换轨道输出 | 隐藏/显示轨道 | 高 |
| 目标轨道 | 复制粘贴、剪切剪辑和上下键快速跳转编辑点 | 高 |
| 切换轨道锁定 | 锁定/解锁轨道 | 中 |
| 静音轨道 | 静音选择的轨道 | 高 |
| 独奏轨道 | 除选择的轨道外其余轨道静音 | 高 |

## 2.3.1 创建序列

在Premiere Pro中有两种方式可以创建序列,一种是根据素材自动匹配创建序列,另一种是手动创建序列。

### 1.自动匹配创建序列

只需要将素材文件拖曳到空白的"时间线"面板中,就会创建一个匹配设置的序列,如图2-35所示。

图2-35

### 2.手动创建序列

用户如果知道大致的设置,则可以选择一个合适的预设序列。

单击"项目"面板右下方的"新建项"按钮 ,在弹出的菜单中选择"序列"选项,如图2-36所示。此时系统会弹出"新建序列"对话框,如图2-37所示。

> **技巧与提示**
>
> 序列决定了输出影片的大小、格式和编码等信息。

图2-36

图2-37

## 2.3.2 序列面板

创建好的序列会出现在"时间线"面板中。不同的序列在轨道数量上会有差异,其余参数都是相同的,如图2-38所示。

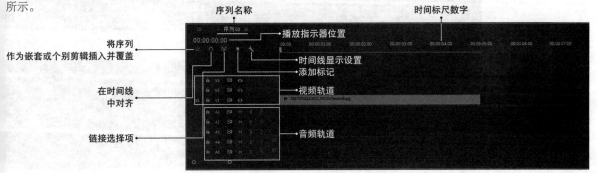

图2-38

**序列名称：**高亮显示为当前序列。用户可在多个序列中切换或关闭。

**播放指示器位置：**显示播放指示器所在位置的当前时间。

**时间标尺数字：**显示序列的时间线。

**将序列作为嵌套或个别剪辑插入并覆盖██：**默认高亮状态下，将嵌套序列拖曳到序列上会显示为嵌套序列形式，否则为单个素材。

**在时间线中对齐██：**默认高亮状态下，拖曳剪辑会自动对齐。

**链接选择项██：**默认高亮状态下，拖曳到序列上的素材文件的视频和音频呈关联状态。

**添加标记██：**单击该按钮，时间标尺数字上会显示标记。

**时间线显示设置██：**单击该按钮，会在弹出的菜单中勾选时间线中需要显示的属性，如图2-39所示。

**视频轨道：**添加的图片和视频素材会显示在视频轨道中，如图2-40所示。

**音频轨道：**添加的音频素材会显示在音频轨道中，如图2-41所示。

图2-40

图2-39

图2-41

## 2.3.3 显示/隐藏轨道

在视频轨道的左侧像眼睛一样的按钮是"切换轨道输出"按钮██。默认状态下，此轨道上的剪辑是可以显示的状态，如图2-42所示。单击该按钮后，按钮会变成██状态，代表这个轨道上的剪辑不可见，只能看到其他轨道上的素材，如图2-43所示。灵活切换该按钮，可以很方便地观察剪辑效果。

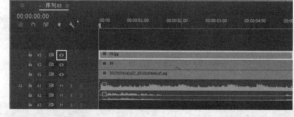

图2-42

图2-43

■ 知识点: 轨道间的关系

可以将视频轨道类比为Photoshop中的图层,位于上方轨道中的剪辑会覆盖下方轨道中的剪辑,与Photoshop不同的是,轨道是带有时间长度的。在节目监视器中始终显示当前时间内最上方轨道中的剪辑效果。

在图2-44所示的序列中,V2轨道和V1轨道中的剪辑在00:00:00:00位置上处于重叠状态,这时节目监视器中会显示上方V2轨道中剪辑的效果,如图2-45所示。

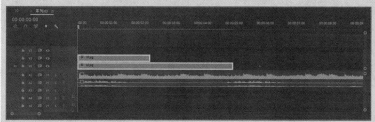

图2-44                                                                                          图2-45

当移动播放指示器到00:00:03:00的位置时,V2轨道中的剪辑已经显示完毕,只剩下V1轨道中还存在剪辑,此时节目监视器中会显示V1轨道中的剪辑效果,如图2-46和图2-47所示。

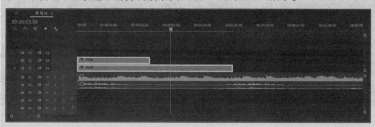

图2-46                                                                                          图2-47

在图2-48所示的序列中,在00:00:00:00位置上,V1轨道中有剪辑,但V2轨道中还没有出现剪辑,这时节目监视器中显示的是V1轨道中的剪辑效果,如图2-49所示。

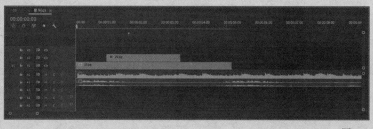

图2-48                                                                                          图2-49

# 2.3.4 目标轨道

每个轨道前方会显示轨道的名称,如图2-50所示。当轨道名称所在的区域显示为蓝底状态时,代表这个轨道是目标轨道。

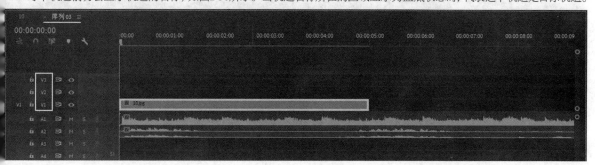

图2-50

目标轨道在复制粘贴、剪切剪辑和上下键快速跳转编辑点时非常有用。当选中图2-51所示的V1轨道的剪辑后,按快捷键Ctrl+C复制,然后按快捷键Ctrl+V粘贴,可以看到粘贴的新剪辑会出现在V1轨道上,如图2-52所示。

图2-51

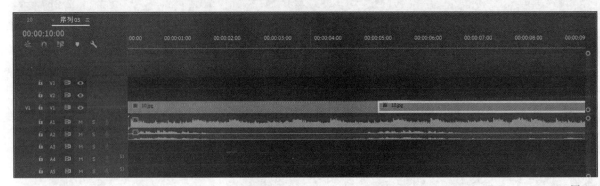

图2-52

取消V1轨道的目标轨道设置,设置V2轨道为目标轨道,按快捷键Ctrl+V粘贴,就会发现粘贴的新剪辑出现在V2轨道上,如图2-53和图2-54所示。

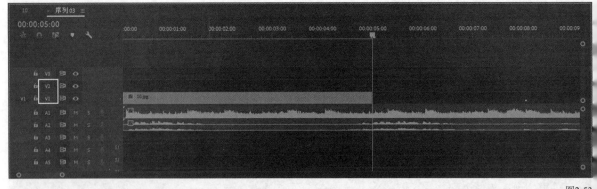

图2-53

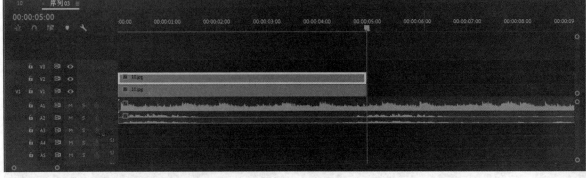

图2-54

按键盘上的↑键和↓键时，可以看到播放指示器会自动跳转到目标轨道中剪辑的起始和结束位置，如图2-55和图2-56所示。

图2-55

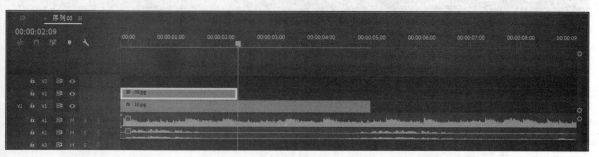

图2-56

## 2.3.5 锁定轨道

当轨道中的剪辑需要被保护起来时，可以将轨道锁定。单击轨道前的"切换轨道锁定"按钮，就可以锁定轨道上的所有剪辑，如图2-57所示。锁定后，轨道上的剪辑不能被选中，也不能被编辑，但节目监视器中还可以显示其效果。

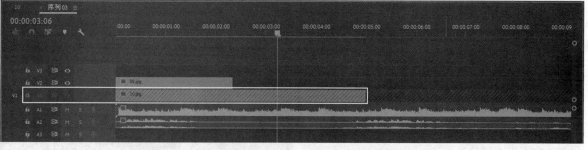

图2-57

再次单击"切换轨道锁定"按钮，就可以将锁定的轨道解锁，如图2-58所示。解锁后的轨道可以进行编辑。

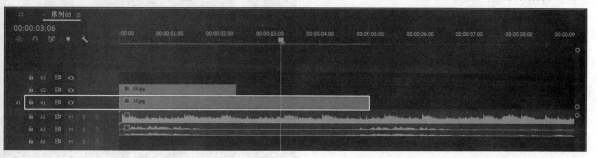

图2-58

## 2.3.6 静音轨道

音频轨道的按钮与视频轨道的按钮略有不同。单击音频轨道上的"静音轨道"按钮 M，就不能通过扬声器或耳机聆听轨道中的音频效果，如图2-59所示。再次单击"静音轨道"按钮 M，就可以聆听轨道中音频的效果。

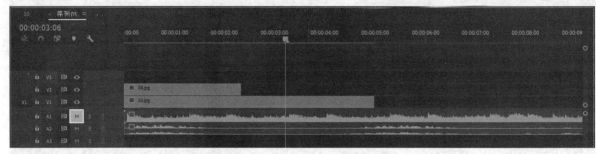

图2-59

📝 **技巧与提示**

需要注意的是，如果轨道开启了静音效果，在输出作品时，该轨道上的音频不会输出。

## 2.3.7 轨道独奏

当多个音频轨道上有音频剪辑时，单击轨道上的"独奏轨道"按钮 S，就会只播放该轨道上的音频剪辑，如图2-60所示。再次单击"独奏轨道"按钮 S，就可以聆听所有轨道中的音频效果。

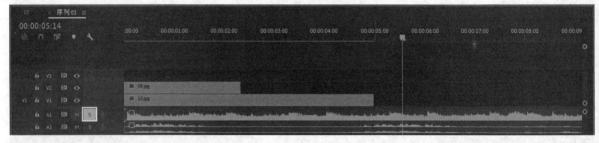

图2-60

📝 **技巧与提示**

"独奏轨道"按钮 S 可以在多个轨道上同时选中。

🖳 **课堂案例**

### 节庆风格图片

| | |
|---|---|
| 案例文件 | 案例文件>CH02>课堂案例：节庆风格图片 |
| 视频名称 | 课堂案例：节庆风格图片.mp4 |
| 学习目标 | 掌握新建序列和添加剪辑的方法 |

本案例需要将素材文件导入"项目"面板，新建序列后添加剪辑，案例效果如图2-61所示。

图2-61

01 新建一个项目文件，在"项目"面板中导入本书学习资源"案例文件>CH02>课堂案例：节庆风格图片"文件夹中的所有素材文件，如图2-62所示。

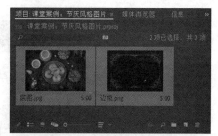

02 选中"底图.jpg"素材文件，将其拖曳到右侧的"时间线"面板中，系统会根据素材文件自动生成一个序列，如图2-63所示。此时节目监视器中会显示素材的效果，如图2-64所示。

图2-62

图2-63

图2-64

03 选中"边框.png"素材文件，将其拖曳到V2轨道上，如图2-65所示。此时节目监视器中的效果如图2-66所示。

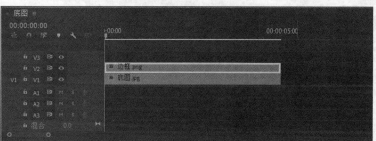

图2-65

图2-66

04 画面中边框素材明显小于底图。在节目监视器中选中边框素材，素材周边会出现控制点，如图2-67所示。

05 按住Shift键并拖曳四角的控制点，就可以等比例放大边框素材。案例最终效果如图2-68所示。

图2-67

图2-68

📝 技巧与提示

控制点的操作方法与Photoshop中图层控制点的操作方法一致。

# 2.4 本章小结

通过本章的学习，相信读者对Premiere Pro的剪辑有了初步的认识。导入素材是剪辑的第1步，通过对素材的整理、编组等，可以使后期剪辑更加方便。将这些素材在时间线上进行编辑时就会生成序列，对这些序列进行简单的编辑，就能生成不一样的效果。

# 2.5 课后习题

下面通过两个课后习题来练习本章所学的内容。

## 课后习题：大雪节气海报

| | |
|---|---|
| 案例文件 | 案例文件>CH02>课后习题：大雪节气海报 |
| 视频名称 | 课后习题：大雪节气海报.mp4 |
| 学习目标 | 掌握导入素材和生成序列的方法 |

本案例需要将素材文件夹中的视频和图片素材导入"项目"面板，然后在时间线上生成序列，效果如图2-69所示。

图2-69

## 课后习题：雨天落叶

| | |
|---|---|
| 案例文件 | 案例文件>CH02>课后习题：雨天落叶 |
| 视频名称 | 课后习题：雨天落叶.mp4 |
| 学习目标 | 掌握导入素材和生成序列的方法 |

本案例需要将素材文件夹中的视频和图片素材导入"项目"面板，然后在时间线上生成序列，效果如图2-70所示。

图2-70

第 **3** 章

## 剪辑和标记

本章将深入讲解剪辑的相关知识。通过本章的学习，相信读者能掌握常用的剪辑知识，从而制作简单的剪辑效果。

### 课堂学习目标

◇　掌握剪辑常用的工具
◇　熟悉标记的用法

# 3.1 剪辑的相关理论

剪辑是指将素材文件放置在序列轨道上后进行裁剪和编辑。剪辑能影响作品的叙事、节奏和情感，通过各个剪辑片段的拼接，从而形成一段完整的作品。

## 3.1.1 剪辑的节奏

剪辑的节奏体现在剪辑片段之间的拼接方式上，不同的拼接方式能给人不同的视觉感受。

### 1.静止接静止

这种拼接方式是指在上一个剪辑片段结束时，下一个剪辑片段以静止的形式切入。这种拼接方式不强调画面运动的连续性，只注重画面的连贯性，如图3-1所示。

图3-1

### 2.静止接运动

这种拼接方式是指动感微弱的镜头与动感强烈的镜头相拼接，在视觉上更有冲击力。与其相反的是"运动接静止"拼接方式，在视觉上同样具有冲击力，如图3-2所示。

图3-2

### 3.运动接运动

这种拼接方式是指镜头在推拉、移动等动作中进行画面的切换。这种拼接方式能产生动感效果，常用于表现人或物的运动，如图3-3所示。

图3-3

### 4.分剪

与前面3种拼接方式不同，这种拼接方式是指将一个素材剪开，分成多个部分。这种拼接方式不仅可以应对前期素材不足的情况，还可以删掉一些不需要的部分，能够增强画面的节奏感，如图3-4所示。

图3-4

### 5.拼剪

这种拼接方式是指将同一个素材重复拼接。这种拼接方式常用在素材不够长或不足时，可以延长镜头时间，如图3-5所示。

图3-5

## 3.1.2 剪辑的流程

在Premiere Pro中剪辑，按照流程可以分为素材整理、粗剪、精剪和细节调整共4个步骤。

### 1.素材整理

整理好素材对剪辑有非常大的帮助。整理素材时，可以将相同属性的素材放在一起，也可以按照脚本将相同场景的素材放在一起。整齐有序的素材文件不仅可以提高剪辑的效率，还可以显示出剪辑的专业性，如图3-6所示。当然，每个人的工作习惯不同，整理素材的方式也不尽相同，读者只要找到适合自己的方式即可。

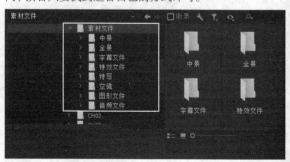

图3-6

## 2.粗剪

粗剪是将素材按照脚本进行大致的拼接，不需要添加配乐、旁白和特效等。粗剪的影片可以体现影片的表现中心和叙事逻辑。以粗剪的样片为基础，再进一步制作整个影片，如图3-7所示。

图3-7

## 3.精剪

精剪需要花费大量的时间，不仅需要添加音频、特效和文字等内容，还需要对原有的粗剪样片进行进一步修整。精剪可以控制镜头的长度、调整镜头转换的位置等，影响最终成品的质量，如图3-8所示。

图3-8

## 4.细节调整

细节调整是最后一道工序，着重调整细节部分及节奏点。这一步注重作品的情感表达，目的是使作品更有故事性和看点，如图3-9所示。

图3-9

# 3.2 剪辑的工具与编辑

剪辑素材时，需要在监视器和序列中共同完成。本节讲解监视器的用法和剪辑的常用操作。

**本节重点内容**

| 重点内容 | 说明 | 重要程度 |
| --- | --- | --- |
| 源监视器 | 查看和编辑素材 | 高 |
| 节目监视器 | 查看和编辑序列 | 高 |
| 选择工具 | 选择、移动剪辑 | 高 |
| 向前选择轨道工具 | 快速选择多个剪辑 | 中 |
| 剃刀工具 | 剪切拆分剪辑 | 高 |

# 3.2.1 监视器

软件中有两种监视器，一种是源监视器，另一种是节目监视器。

## 1.源监视器

双击"时间线"面板中的剪辑或双击"项目"面板中的素材文件，就可以在源监视器中查看和编辑素材，如图3-10所示。源监视器中显示素材原本的效果。

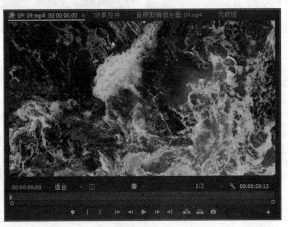

图3-10

源监视器的下方有一些控件, 如图3-11所示。

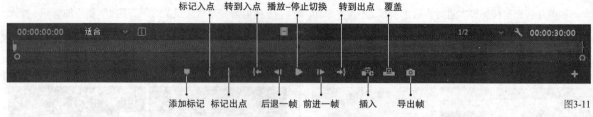

图3-11

**添加标记** ( M键 ): 单击此按钮后, 会在序列上添加一个标记。双击标记, 会弹出对话框, 如图3-12所示。在该对话框中可以对标记进行简单的注释, 以方便剪辑。

**标记入点** ( I键 ): 设置素材开始的位置, 每个素材只有一个入点, 如图3-13所示。

**标记出点** ( O键 ): 设置素材结束的位置, 每个素材只有一个出点, 如图3-14所示。

图3-12

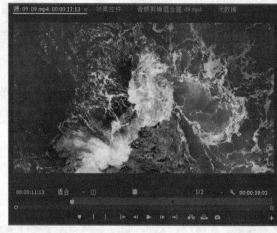

图3-13

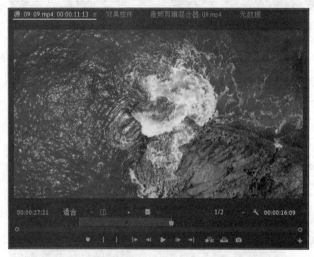

图3-14

**技巧与提示**

如果要清除入点或出点标记, 可以在监视器的时间线上单击鼠标右键, 然后在弹出的菜单中选择"清除入点"、"清除出点"或"清除入点和出点"中的一个, 如图3-15所示。

图3-15

**转到入点** ( 快捷键Shift+I ): 将播放指示器移动到入点位置。

**后退一帧** ( ←键 ): 将播放指示器向后移动一帧。

**播放-停止切换** ( Space键 ): 在监视器中播放或停止播放原素材。

**前进一帧** ( →键 ): 将播放指示器向前移动一帧。

**转到出点** ( 快捷键Shift+O ): 将播放指示器移动到出点位置。

**插入** ( ,键 ): 通过插入编辑模式将剪辑添加到"时间线"面板当前显示的序列中。如果设置了入点和出点的素材, 只会添加入点到出点间的素材片段到"时间线"面板的序列中。

**覆盖** ( .键 ): 通过覆盖编辑模式将素材添加到"时间线"面板当前显示的序列中, 替换原有的剪辑。

**导出帧** ( 快捷键Ctrl+Shift+E ): 将监视器中显示的当前内容创建为一幅静态图像。

## 2.节目监视器

节目监视器会显示"时间线"面板中所有序列叠加后的整体效果，如图3-16所示。用户可以在节目监视器中对单个序列进行编辑，从而得到理想的整体效果。

图3-16

节目监视器的下方也有一些控件，如图3-17所示。这些控件与源监视器下方的控件大致相同，只有个别控件不同，下面介绍不同的控件。

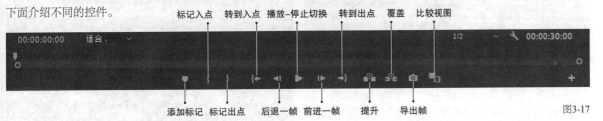

图3-17

**提升** （ ;键）：单击该按钮后，会将标记了入点和出点间的剪辑删除，且删除的序列空隙保留，如图3-18所示。

**提取** （'键）：单击该按钮后，会将标记了入点和出点间的剪辑删除，但删除后序列的后端会与前端相接，不保留空隙，如图3-19所示。

**比较视图** ：单击该按钮后，会将播放指示器所在帧的画面与序列画面进行对比，这样方便观察调整后的效果，如图3-20所示。

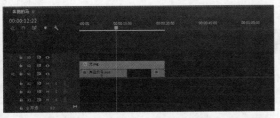

图3-18

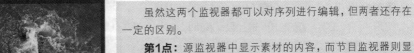

图3-19

图3-20

> **知识点：源监视器与节目监视器的区别**
>
> 虽然这两个监视器都可以对序列进行编辑，但两者还存在一定的区别。
>
> **第1点：** 源监视器中显示素材的内容，而节目监视器则显示"时间线"面板中序列的内容。
>
> **第2点：** 源监视器中的"插入"按钮 和"覆盖"按钮 是为序列添加剪辑。节目监视器中的"提取"按钮 和"提升"按钮 是从序列中删除剪辑。

## 3.2.2 查找间隙

使用"提升"工具编辑序列，就会在序列上留下间隙。如果在一个剪辑上多次进行"提升"操作，就会留下很多间隙，如图3-21所示。缩小序列后，很难发现这些细小的间隙，这时就可以使用查找间隙功能。

选中带有间隙的序列，执行"序列>转至间隔>序列中下一段"菜单命令（快捷键Shift+;），"时间线"面板上的播放指示器就会自动移动到间隙的开头位置，如图3-22所示。

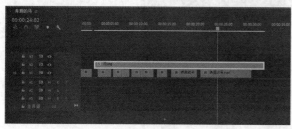

图3-21

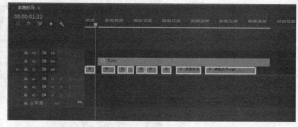

图3-22

找到间隙后，选中间隙，按Delete键将其删除，后方的序列会自动与前方的序列相接，如图3-23和图3-24所示。

图3-23

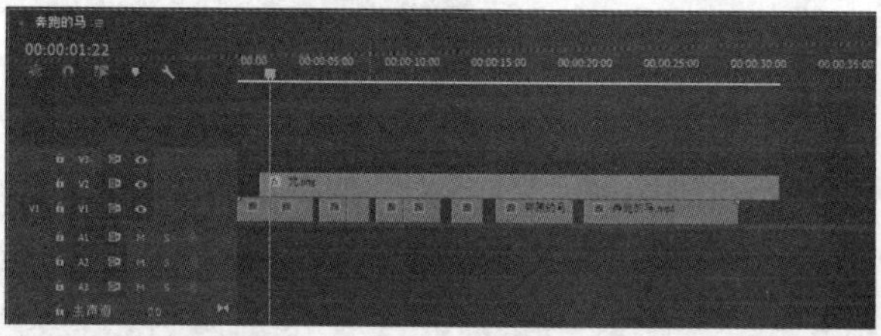

图3-24

如果要一次性删除序列上的所有间隙，可以先选中序列，然后执行"序列>封闭间隙"菜单命令，就可以将所有的间隙都删掉，且序列会全部连接在一起，如图3-25所示。

📝 **技巧与提示**

如果序列中设置了入点和出点的标记，就只能删除标记之间的间隙。

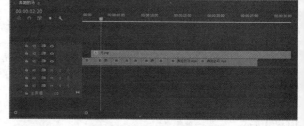

图3-25

## 3.2.3 选择剪辑

选择剪辑很重要，当我们需要处理序列中的各种剪辑片段时，就需要使用选择功能。

### 1.选择剪辑或剪辑范围

只有选中了序列中的剪辑，才能进行后续的操作。选择剪辑的方法有两种。

**第1种：** 使用入点和出点的标记进行选择。

**第2种：** 使用"选择工具" （V键）选择剪辑片段。

使用"选择工具" 单击剪辑片段，就可以选中该剪辑，如图3-26所示。

📝 **技巧与提示**

如果双击该剪辑，会切换到源监视器中观察该段剪辑的效果。

图3-26

使用"选择工具"![]并按住Shift键可以实现加选或减选其他剪辑片段,如图3-27所示。使用"选择工具"![]在"时间线"面板上画一个矩形框,框内的剪辑都会被同时选中,如图3-28所示。

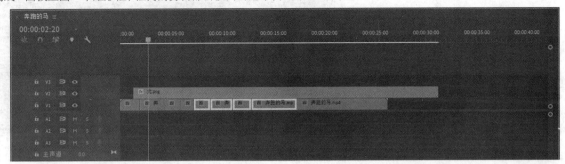

图3-27

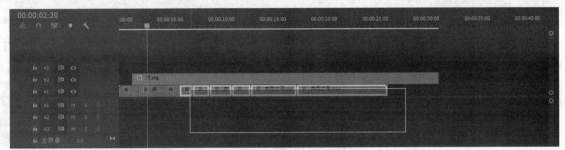

图3-28

## 2.选择轨道上的所有剪辑

如果想选择一个轨道上的所有剪辑,可以使用"向后选择轨道工具"或"向前选择轨道工具"。

在轨道上使用"向前选择轨道工具"![],单击最前端的剪辑,可以看到后方的所有剪辑都会被选中,如图3-29所示。如果在第2个剪辑上单击,会发现除第1个剪辑外的后方剪辑都会被选中,如图3-30所示。

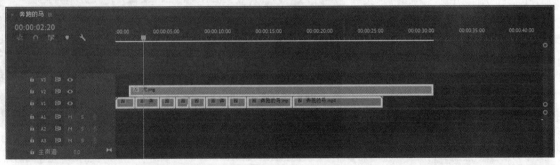

图3-29

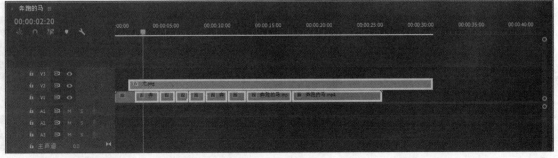

图3-30

“向后选择轨道工具”与“向前选择轨道工具”相反，它是从剪辑的末端开始选择之前的剪辑，如图3-31所示。

选择好剪辑后，按V键切换到“选择工具”即可。

> **技巧与提示**
>
> 无论使用上面两个工具中的哪一个，只要按住Shift键，就只能选择一个轨道上的剪辑。

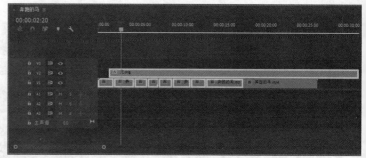

图3-31

## 3.2.4 拆分剪辑

我们经常需要将添加的剪辑拆分为多个片段，最常用的方式是使用“剃刀工具”（C键）。使用“剃刀工具”在剪辑上单击，会以单击的位置为界，将剪辑拆分为两个剪辑片段，如图3-32所示。当然，也可以继续使用“剃刀工具”在其他需要分割的位置单击，将一个剪辑分割为多个片段。

> **技巧与提示**
>
> 按住Shift键单击会将同位置上所有轨道的剪辑都进行拆分。

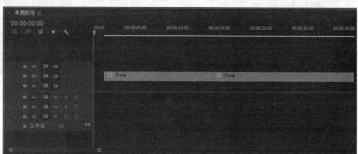

图3-32

除了使用“剃刀工具”，还可以在选中剪辑的情况下，执行“序列>添加编辑”菜单命令（快捷键Ctrl+K），在播放指示器所在的位置对剪辑进行拆分，如图3-33所示。

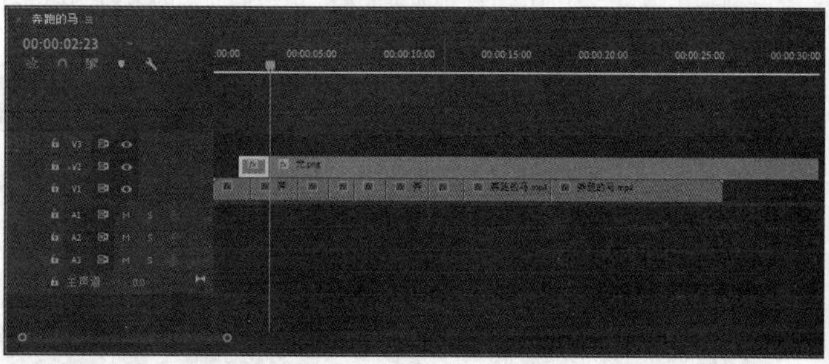

图3-33

执行“序列>添加编辑到所有轨道”菜单命令（快捷键Ctrl+Shift+K），就可以对所有轨道上的剪辑进行拆分，如图3-34所示。拆分后的剪辑仍然会无缝播放，除非移动了剪辑片段或单独对剪辑片段进行了调整。

> **技巧与提示**
>
> “添加编辑到所有轨道”菜单命令的快捷键与搜狗输入法的软键盘快捷键冲突，如果用户使用的是搜狗输入法，可以修改其中一个的快捷键。

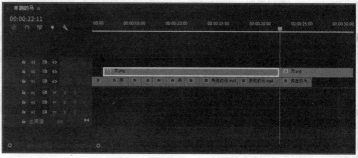

图3-34

## 3.2.5 移动剪辑

剪辑在时间线上可以随意移动，默认情况下，"时间线"面板开启了"在时间线中对齐"  功能，只要移动剪辑，其边缘就会自动与其他剪辑的边缘对齐。这样就能精准放置剪辑，保证剪辑间不会产生空隙。

图3-35所示的剪辑间存在一段距离，使用"选择工具" ▶ 移动后方的剪辑，在贴近前方剪辑的时候会自动吸附到前方剪辑的末端，如图3-36所示。

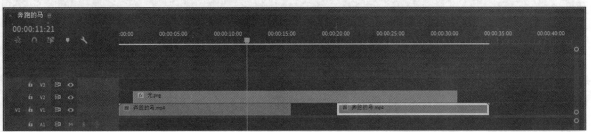

图3-35

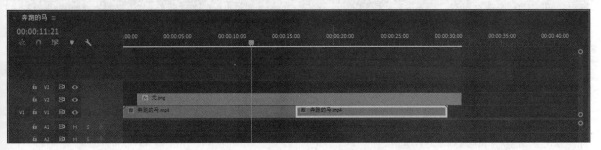

图3-36

如果想按照帧数精确移动剪辑，就需要用到剪辑微移的快捷方式。按住Alt键，然后按键盘上的←键或→键，每按一次就会往相应的方向移动一帧，图3-37所示是向右移动5帧的效果。如果按↑键或↓键，则会向上或向下移动一个轨道。

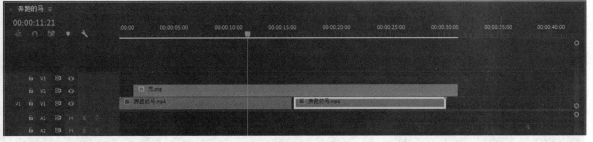

图3-37

#### 📝 技巧与提示

向上或向下移动剪辑时，如果上方或下方的轨道上有剪辑，则会覆盖这段剪辑相同长度的部分，如图3-38所示。

图3-38

如果按住Ctrl键移动剪辑，则会将其他轨道的剪辑进行拆分移动，如图3-39所示。而按住Ctrl+Alt键移动剪辑，则会与其他轨道的剪辑对齐，如图3-40所示。

图3-39

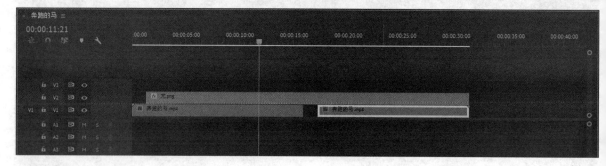

图3-40

按快捷键Ctrl+C可以快速复制选中的剪辑，按快捷键Ctrl+V可以将复制的剪辑粘贴在播放指示器所在的位置，这种操作方式与其他软件相同，如图3-41所示。

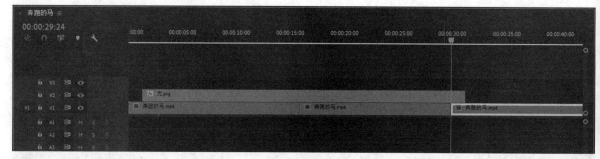

图3-41

## 3.2.6 删除剪辑

删除剪辑最简单也最常用的方法是选中需要删除的剪辑片段，然后按Delete键将其删除，如图3-42所示，删除后会在轨道上留下空隙。

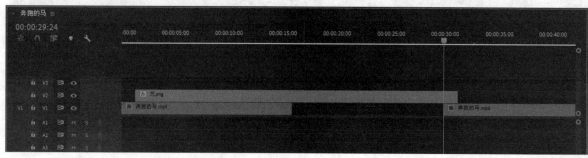

图3-42

除了按Delete键删除剪辑片段外，还可以按快捷键Shift+Delete进行删除。与按Delete键不同的是，按快捷键Shift+Delete不仅会将剪辑片段删除，还会自动填充删除后留下的空隙，如图3-43所示。

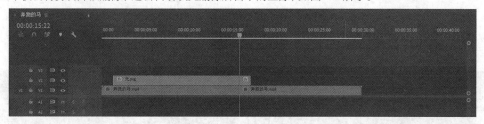

图3-43

在3.2.1小节中讲过通过设置入点和出点的标记，然后单击"提升"按钮或"提取"按钮删除标记的剪辑，如图3-44和图3-45所示。

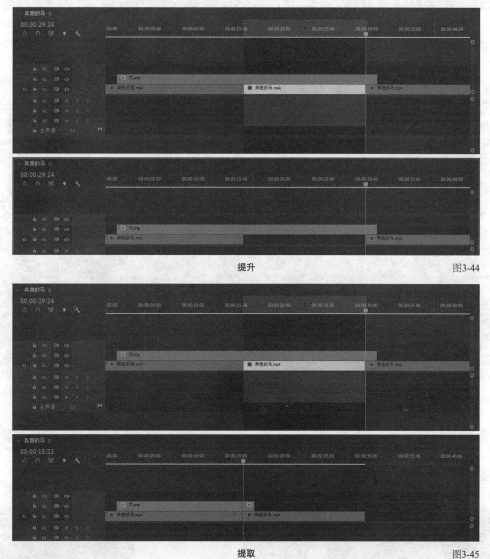

提升

图3-44

提取

图3-45

---

📝 **技巧与提示**

如果选中一个已经分割好的剪辑片段，单击"提取"按钮或"提升"按钮是不会产生效果的，必须添加入点和出点的标记。

## 3.2.7 禁用剪辑

不仅轨道可以被开启或禁用，剪辑同样可以。禁用的剪辑仍然会保留在"时间线"面板中，但在播放时不会显示。

选中要禁用的剪辑，单击鼠标右键，在弹出的菜单中取消勾选"启用"选项，此时取消启用的剪辑会呈深色，如图3-46所示。

图3-46

移动播放指示器，在节目监视器中无法看到这段剪辑的效果，但这段剪辑确实存在轨道上，如图3-47所示。再次单击鼠标右键，在弹出的菜单中选择"启用"选项，就可以激活该剪辑。

图3-47

## 3.2.8 编组剪辑

对序列上的剪辑进行编组，可以方便移动和修改。下面介绍具体的操作方法。

**第1步：** 选中时间线上的多个剪辑，单击鼠标右键，在弹出的菜单中选择"编组"选项，如图3-48所示。

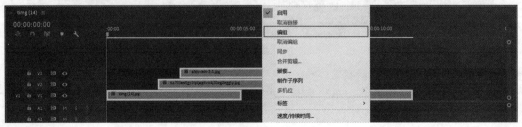

图3-48

**第2步:** 选中编组后的序列,然后随意移动,可以看到编组的序列会一起移动,如图3-49所示。

**第3步:** 如果想取消编组,可以选中编组后的序列,单击鼠标右键,在弹出的菜单中选择"取消编组"选项,如图3-50所示,序列便会恢复为单独状态。

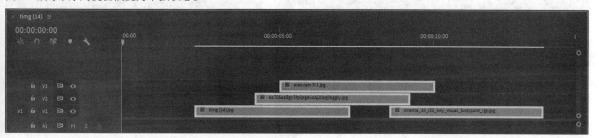

图3-49

图3-50

## 3.2.9 视频与音频链接

如果导入的视频素材中携带了音频信息,在"时间线"上就会显示视频轨道和音频轨道,且这两个轨道在默认情况下处于链接状态,如图3-51所示。

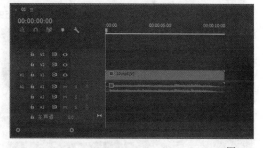

图3-51

📝 **技巧与提示**

链接状态下的视频和音频轨道会同时被编辑。例如,用"剃刀工具"◢会同时剪断视频和音频。

选中处于链接状态的剪辑,单击鼠标右键,在弹出的菜单中选择"取消链接"选项,此时视频轨道和音频轨道会单独被选中,如图3-52和图3-53所示。

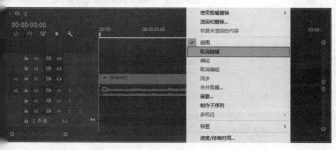

图3-52

图3-53

断开链接后，用户可以单独编辑视频和音频，也可以删除音频或替换原有音频，以达到预想的效果。选中音频，按Delete键删除，此时轨道上只存在视频剪辑，如图3-54所示。将一个新的音频放置在轨道上，如图3-55所示。

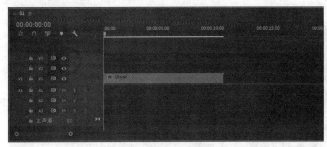

图3-54　　　　　　　　　　　　　　　　　　　　　　　　图3-55

选中视频剪辑和新添加的音频剪辑，单击鼠标右键，在弹出的菜单中选择"链接"选项，如图3-56所示。这样就能将视频和音频进行链接，方便整体编辑，如图3-57所示。

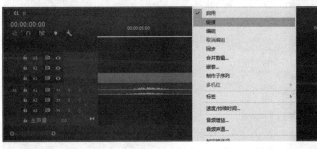
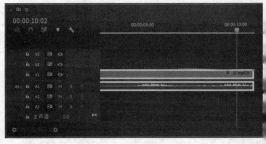

图3-56　　　　　　　　　　　　　　　　　　　　　　　　图3-57

## 3.2.10　设置剪辑速度

剪辑速度也就是剪辑播放的速度，其调整方法有以下3种。

**第1种：**选中剪辑，单击鼠标右键，在弹出的菜单中选择"速度/持续时间"选项，如图3-58所示。在弹出的"剪辑速度/持续时间"对话框中可以设置播放速度，如图3-59所示。

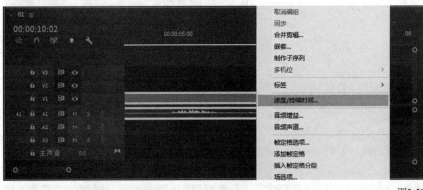
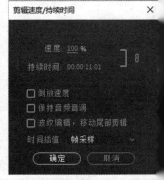

图3-58　　　　　　　　　　　　　　　　　　　　　　　　图3-59

### 📖 知识点：剪辑速度/持续时间

在"剪辑速度/持续时间"对话框中可以设置序列的播放速度。默认情况下，"速度"的数值为100％，这表示序列采用原有速度进行播放。

"速度"和"持续时间"两个参数默认情况下是关联的，只要修改其中一个参数，另一个也会相应发生改变。

勾选"倒放速度"选项，整个序列的播放顺序会完全相反，原来在起始部分的内容会镜像移动到序列末尾。

勾选"保持音频音调"选项，加速或减速状态下的音频不会产生太严重的偏差。当然，我们在制作一些搞笑类的视频时，会用这种独特的效果增强视频的趣味性。

**第2种：**长按"波纹编辑工具"按钮，在弹出的下拉菜单中选择"比率拉伸工具"选项，然后在想调整序列的一端拖曳序列即可快速调整，如图3-60和图3-61所示。

图3-60

**第3种：**执行"剪辑>速度/持续时间"菜单命令（快捷键Ctrl+R），会弹出"剪辑速度/持续时间"对话框，如图3-62所示。其后操作方法与第1种方法相同。

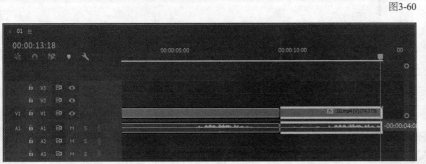

图3-61

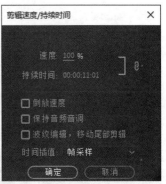

图3-62

# 3.2.11 嵌套序列

可以将嵌套序列简单地理解为一个序列中包含一些子序列，而这个序列是这些子序列的父级。用户可以对多个相关联的剪辑片段进行嵌套，再对嵌套的序列进行编辑。这样可以让时间线上的序列看起来更加清晰明了，不会因为剪辑片段过多而无从下手。

图3-63中便有一个嵌套序列。双击这个剪辑，会显示嵌套的剪辑片段，如图3-64所示。

图3-63

图3-64

**技巧与提示**

在"项目"面板中也可以看到嵌套序列，双击嵌套序列会在"时间线"面板上显示其中的剪辑片段。

嵌套序列的方法有两种，下面逐一介绍。

**第1种：**在"项目"面板中选中已有的序列，单击鼠标右键，在弹出的菜单中选择"从剪辑新建序列"选项，如图3-65所示。这时，系统会生成一个与选择的序列名称相同的序列，且在时间线上以绿色标示，如图3-66所示。

图3-65

图3-66

**第2种:** 在"时间线"上框选需要嵌套的序列,单击鼠标右键,在弹出的菜单中选择"嵌套"选项,如图3-67所示。系统会弹出"嵌套序列名称"对话框,用户需要设置嵌套序列的名称,如图3-68所示。单击"确定"按钮 **确定** ,就会生成绿色的嵌套序列,如图3-69所示。

图3-67  图3-68  图3-69

课堂案例

## 旅游风景

| | |
|---|---|
| 案例文件 | 案例文件>CH03>课堂案例: 旅游风景 |
| 视频名称 | 课堂案例: 旅游风景.mp4 |
| 学习目标 | 掌握剪辑的常用工具的用法 |

本案例将利用之前学习的剪辑工具对素材进行简单剪辑,生成影片效果,如图3-70所示。

图3-70

**01** 双击"项目"面板的空白区域,在弹出的"导入"对话框中选择本书学习资源"案例文件>CH03>课堂案例: 旅游风景"文件夹中的所有素材并导入,如图3-71所示。

**02** 在"项目"面板中单击"新建项"按钮 ,在弹出的菜单中选择"序列"选项,如图3-72所示。

**03** 在弹出的"新建序列"对话框中选择AVCHD 1080p25选项,如图3-73所示。

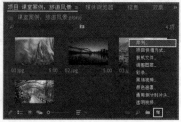

图3-71  图3-72  图3-73

**04** 将01.jpg素材文件拖曳到序列的V1轨道上,如图3-74所示。画面中的效果如图3-75所示。

图3-74  图3-75

05 素材图片的大小远大于序列画幅的大小。选中V1轨道上的01.jpg剪辑,单击鼠标右键,在弹出的菜单中选择"缩放为帧大小"选项,如图3-76所示。缩放后的画面效果如图3-77所示。

图3-76    图3-77

06 此时画面左右两侧会留出黑色的空白部分。在"效果控件"面板中设置"缩放"为120,如图3-78所示,将图片适当放大填满画幅。效果如图3-79所示。

图3-78    图3-79

07 将播放指示器移动到00:00:01:00的位置,使用"剃刀工具" 🔪在剪辑上单击,如图3-80所示。

08 选中播放指示器后方的剪辑片段,按Delete键将其删除,如图3-81所示。

图3-80    图3-81

09 在"项目"面板中选中02.jpg素材文件,将其移动到"时间线"面板中,并将其放置在V2轨道上,如图3-82所示。效果如图3-83所示。

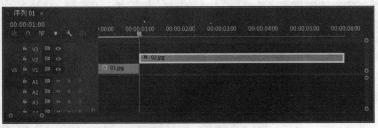

图3-82    图3-83

📝 技巧与提示

当素材图片大小超过画幅大小时,可以按照步骤05和步骤06的方法调整素材的大小。

10 移动播放指示器到00:00:02:00的位置,按快捷键Ctrl+K将剪辑拆分为两段,如图3-84所示。

11 选中后半截剪辑片段,按Delete键将其删除,如图3-85所示。

图3-84    图3-85

⓬ 在"项目"面板中选中03.jpg素材文件，将其添加到V1轨道上，并调整图片大小，如图3-86所示。效果如图3-87所示。

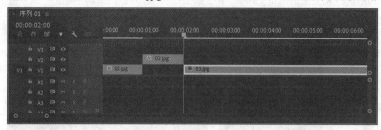

图3-86　　　　　　　　　　　　　　　　　　　　　　　图3-87

⓭ 移动播放指示器到00:00:03:00的位置，按I键标记入点，如图3-88所示。

⓮ 移动播放指示器到剪辑末尾，按O键标记出点，如图3-89所示。

图3-88　　　　　　　　　　　　　　　　　　　　　　　图3-89

⓯ 单击"提升"按钮 ，就可以将入点和出点间的序列裁剪，保留想到的剪辑部分，如图3-90所示。

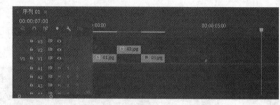

图3-90

⓰ 将04.jpg素材文件添加到V2轨道上，并调整图片的大小，如图3-91所示。效果如图3-92所示。

图3-91　　　　　　　　　　　　　　　　　　　　　　　图3-92

⓱ 移动播放指示器到00:00:04:00的位置，使用"剃刀工具" 在04.jpg剪辑上单击，将剪辑拆分为两部分并删除后半部分，如图3-93所示。

图3-93

⓲ 按Space键播放序列，案例最终效果如图3-94所示。

图3-94

□ 课堂案例

# 美食剪辑

| 实例文件 | 实例文件>CH03>课堂案例: 美食剪辑 |
| --- | --- |
| 视频名称 | 课堂案例: 美食剪辑.mp4 |
| 学习目标 | 掌握剪辑的常用工具的用法 |

本案例将通过之前学习的剪辑工具对素材进行简单剪辑, 生成影片效果, 如图3-95所示。

图3-95

**01** 双击"项目"面板的空白区域, 在弹出的"导入"对话框中选择本书学习资源"实例文件>CH03>课堂案例: 美食剪辑"文件夹中的素材文件并导入, 如图3-96所示。

**02** 双击"素材.mp4"文件, 在源监视器中打开画面, 如图3-97所示。

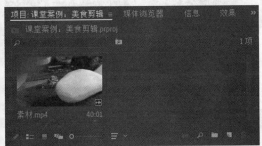

图3-96

图3-97

**03** 在"项目"面板中单击"新建项"按钮□, 在弹出的菜单中选择"序列"选项, 在弹出的"新建序列"对话框中选择AVCHD 1080p25选项, 新建一个序列, 如图3-98所示。此时序列中没有剪辑。

图3-98

**04** 在源监视中移动播放指示器到00:00:04:00的位置, 按I键添加入点, 如图3-99所示。

**05** 继续移动播放指示器到00:00:07:00的位置, 按O键添加出点, 如图3-100所示。

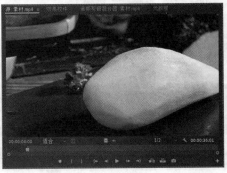 

图3-99

图3-100

**06** 在源监视器中单击"插入"按钮 ，就可以将入点和出点间的剪辑添加到序列的V1轨道上，如图3-101所示。

图3-101

**07** 在源监视器中移动播放指示器到00:00:18:00的位置，按I键添加入点，如图3-102所示。
**08** 移动播放指示器到00:00:26:00的位置，按O键添加出点，如图3-103所示。

图3-102

图3-103

**技巧与提示**

添加新的入点后，原有的入点和出点都会消失。

**09** 在源监视器中单击"插入"按钮 ，将入点和出点间的剪辑添加到V1轨道上，如图3-104所示。

图3-104

**10** 移动播放指示器到00:00:30:00的位置，按I键添加新的入点，如图3-105所示。
**11** 移动播放指示器到00:00:36:00的位置，按O键添加新的出点，如图3-106所示。

图3-105

图3-106

⑫ 在源监视器中单击"插入"按钮 ![img]，将入点和出点间的剪辑添加到V1轨道上，如图3-107所示。

⑬ 使用"比率拉伸工具" ![img] 将每个剪辑的时长都缩短为两秒，然后拼合3个剪辑片段，如图3-108所示。

图3-107

图3-108

⑭ 按Space键播放动画，案例最终效果如图3-109所示。

图3-109

# 3.3 标记

标记是剪辑时的一种辅助功能，可以帮助用户记住镜头位置，也可以记录剪辑的一些信息。

## 3.3.1 标记类型

标记有多种类型，每种类型的颜色不一样，这样可方便用户识别标记，如图3-110所示。

图3-110

**注释标记（绿色）：** 通用标记，可以指定名称、持续时间和注释。

**章节标记（红色）：** DVD或蓝光光盘设计程序可以将这种标记转换为普通的章节标记。

**分段标记（紫色）：** 在某些播放器中，会根据这个标记将视频拆分为多个部分。

**Web链接（橙色）：** 在某些播放器中，可以在播放视频的时候，通过标记中的链接打开一个Web页面。

**Flash提示点（黄色）：** 这种提示点是与Adobe Animate CC一起工作时所使用的标记。

## 3.3.2 添加/删除标记

添加标记时，会以播放指示器所在的位置作为标记所处的位置。

在序列上移动播放指示器，并且没有选中面板上的剪辑，单击"时间线"面板左上方的"添加标记"按钮 ![img]（M键），此时播放指示器所处的位置会自动生成一个绿色的标记，如图3-111所示。

📝 **技巧与提示**

在面板的空白位置单击鼠标右键，在弹出的菜单中选择"添加标记"选项，也可以添加标记。

图3-111

除了在"时间线"面板中出现绿色的标记，在节目监视器的下方也会出现同样的标记，如图3-112所示。

双击标记会弹出"标记"对话框，如图3-113所示。在该对话框中可以对这个标记进行注释，也可以重新选择标记类型。

图3-112　　　　　　　　　　　　　　　　　　　图3-113

**技巧与提示**

在"标记"对话框中输入其中一项内容后要避免按Enter键，否则将直接关闭对话框，其他输入的内容也会丢失。

在"名称"中输入内容后，会在标签上显示注释的内容，帮助用户快速识别标签的含义，如图3-114所示。

删除标记的方法很简单，在需要删除的标记上单击鼠标右键，在弹出的菜单中选择"清除所选的标记"选项即可，如图3-115所示。

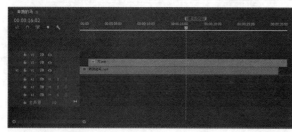

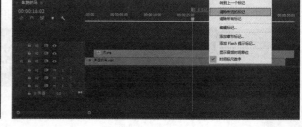

图3-114　　　　　　　　　　　　　　　　　　　图3-115

**技巧与提示**

如果要删除所有的标记，可以选择"清除所有标记"选项。

**课堂案例**

## 为音频添加标记

| 案例文件 | 案例文件>CH03>课堂案例：为音频添加标记 |
|---|---|
| 视频名称 | 课堂案例：为音频添加标记.mp4 |
| 学习目标 | 掌握标记工具的用法 |

本案例需要为一段音频素材添加标记，方便识别不同的音乐节奏。

**01** 双击"项目"面板的空白区域，在弹出的"导入"对话框中选择本书学习资源"案例文件>CH03>课堂案例：为音频添加标记"文件夹中的素材文件并导入，如图3-116所示。

图3-116

02 选中音频素材并将其拖曳到"时间线"面板中，生成一个序列，如图3-117所示。

03 按Space键播放音频，在00:00:18:20的位置音频的音调和节奏发生了变化，按M键在播放指示器的位置添加一个标记，如图3-118所示。

图3-117

图3-118

04 继续播放音频，在00:01:25:00的位置音频的节奏又发生了变化，按M键添加标记，如图3-119所示。

图3-119

05 添加了标记后，可以方便后续添加视频和图片，案例最终效果如图3-120所示。

图3-120

## 知识点："标记"面板

除了在"时间线"或监视器上观察标记，还可以在"标记"面板中观察和编辑标记。默认的界面中不包含"标记"面板，需要执行"窗口>标记"菜单命令，才能在"项目"面板旁边显示"标记"面板，如图3-121所示。

面板中会直观地显示标记的类型、名称、示意图入点和出点等信息。用户可以非常方便地找到标记进行编辑或用于剪辑。

单击右侧的输入框，可以直接为标记添加注释，如图3-122所示。

图3-121

图3-122

当选中一个标记时，播放指示器会自动跳转到标记的位置，可方便用户进行选择，如图3-123所示。

图3-123

# 3.4 本章小结

通过本章的学习，相信读者对Premiere Pro的剪辑有了进一步的认识。通过监视器观察剪辑效果，在时间线上选择、移动、删除和禁用剪辑，能帮助我们获得不一样的效果。使用标记功能可以让很长的序列内容一目了然，方便对素材进行各种处理，也可以在剪辑时快速获取剪辑的内容。

# 3.5 课后习题

下面通过两个课后习题来练习本章所学的内容，复习剪辑相关工具的用法。

## 课后习题：节庆氛围剪辑

| 案例文件 | 案例文件>CH03>课后习题：节庆氛围剪辑 |
| 视频名称 | 课后习题：节庆氛围剪辑.mp4 |
| 学习目标 | 掌握剪辑的常用工具的用法 |

本案例需要将素材文件夹中的素材文件导入"项目"面板，然后将两个单独的剪辑拼合为一个序列，效果如图3-124所示。

图3-124

## 课后习题：宠物剪辑

| 案例文件 | 案例文件>CH03>课后习题：宠物剪辑 |
| 视频名称 | 课后习题：宠物剪辑.mp4 |
| 学习目标 | 掌握剪辑的常用工具的用法 |

本案例需要将素材文件夹中的素材文件导入"项目"面板，然后找到素材中需要的部分并将其拼合为一个序列，效果如图3-125所示。

图3-125

第 **4** 章

# 关键帧动画

　　关键帧动画是 Premiere Pro中的重要知识点之一。将素材通过多个关键帧相连，可以创建出丰富的动画效果。本章将向读者介绍如何添加和修改关键帧，以及一些常用的动画属性。

## 课堂学习目标

◇　掌握动画关键帧的编辑方法

◇　掌握常用的关键帧属性

◇　熟悉时间重映射的使用方法

# 4.1 动画关键帧

动画关键帧是制作动画的基础，本节主要讲解如何创建关键帧、调整关键帧的插值，以及如何调整运动曲线。这些知识点对于后续章节的学习非常重要，也是打牢基础的关键。因此，读者一定要掌握这些内容。

**本节重点内容**

| 重点内容 | 说明 | 重要程度 |
|---|---|---|
| 切换动画 | 添加关键帧 | 高 |
| 添加/移除关键帧 | 添加或移除关键帧 | 高 |
| 转到上一关键帧 | 跳转当前位置的上一个关键帧 | 中 |
| 转到下一关键帧 | 跳转当前位置的下一个关键帧 | 中 |
| 临时插值 | 设置关键帧的类型 | 高 |
| 空间插值 | 设置动画运动路径的类型 | 高 |
| 运动曲线 | 调整动画的运动速度 | 高 |

## 4.1.1 关键帧的概念

早期的胶片电影是通过连续播放一张张胶片来呈现的，每张胶片可以被称为一帧。日常观看的视频也是由这些连续变化的帧组成的。

在Premiere Pro中，我们需要记录素材在不同时间点的形态，记录的过程就是添加关键帧。可以在后面的某个时间点上再添加一个关键帧，记录下素材在这两个时间点的形态，通过Premiere Pro的运算，可以生成这两个关键帧之间的动画状态（也就是中间帧），如图4-1所示。

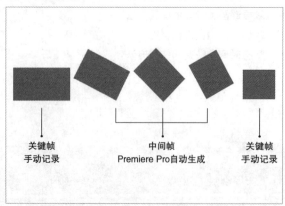

关键帧
手动记录

中间帧
Premiere Pro自动生成

关键帧
手动记录

图4-1

## 4.1.2 关键帧的基础操作

添加、跳转、删除和复制关键帧是关键帧操作的基础。下面将详细讲解这些操作方法。

## 1.添加关键帧

在"效果控件"面板中单击参数前的"切换动画"按钮 ，使其呈蓝色高亮状态，就代表为该参数添加了关键帧，右侧会出现关键帧标记，如图4-2所示。

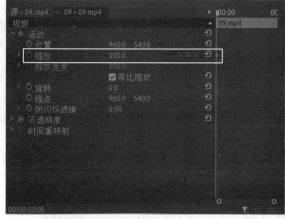

图4-2

当按钮处于高亮状态时，只需移动播放指示器，并修改高亮显示的按钮所对应的参数值，系统就会自动添加新的关键帧，如图4-3所示。

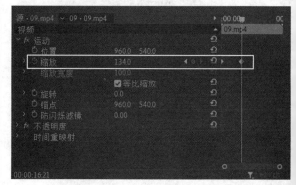

图4-3

单击"添加/移除关键帧"按钮 ，就会在播放指示器的位置添加一个当前参数的关键帧，如图4-4所示。

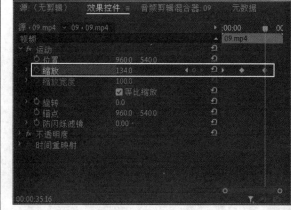

图4-4

## 2.跳转关键帧

当为参数添加了两个及以上的关键帧时,单击"转到上一关键帧"按钮◀或"转到下一关键帧"按钮▶,就能快速且准确地跳转到相应的关键帧位置,如图4-5所示。

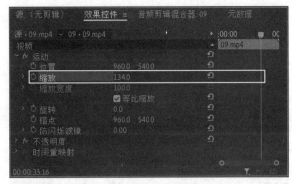

图4-8

## 4.复制关键帧

关键帧不仅可以在同一剪辑中复制,也可以在不同剪辑之间进行复制。

选中需要复制的关键帧,按快捷键Ctrl+C复制,将播放指示器移动到需要粘贴关键帧的位置,按快捷键Ctrl+V粘贴。

如果要复制整个剪辑的所有关键帧,可以选中该剪辑,按快捷键Ctrl+C进行复制,然后选中需要同样效果的剪辑,按快捷键Ctrl+Alt+V,此时会弹出"粘贴属性"对话框,如图4-9所示。在对话框中可以选择需要粘贴的属性,单击"确定"按钮 确定 ,就能实现效果复制,而不会复制原有的剪辑。

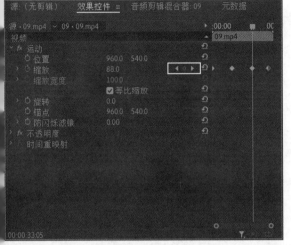

图4-5

## 3.删除关键帧

如果需要删除已添加的关键帧,最简单的方法是选中该关键帧并按Delete键,如图4-6所示。如果需要删除参数的所有关键帧,可以单击高亮显示的"切换动画"按钮 ,在弹出的图4-7所示的对话框中单击"确定"按钮 确定 ,即可删除该参数的所有关键帧,如图4-8所示。

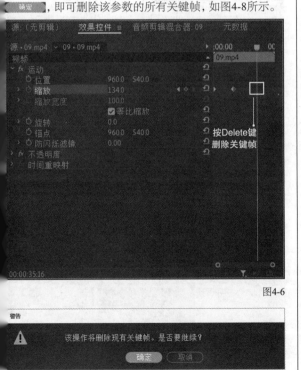

图4-6

警告
⚠ 该操作将删除现有关键帧。是否要继续?
　　　　　　　确定　　　取消

图4-7

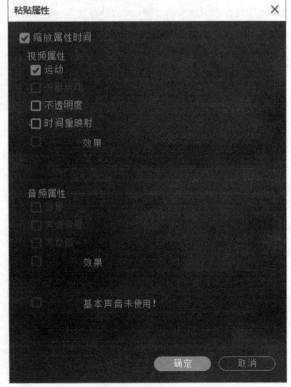

图4-9

## 4.1.3 临时插值

在"位置"参数的关键帧上单击鼠标右键，在弹出的菜单中可以看到"临时插值"选项，如图4-10所示。"临时插值"子菜单中的选项用于控制关键帧的速度变化趋势，从而影响动画的运动速度。

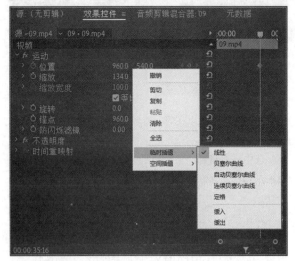

图4-10

**线性：** 默认情况下，关键帧都以线性形式呈现，代表匀速运动动画。

**贝塞尔曲线/自动贝塞尔曲线/连续贝塞尔曲线：** 这3种类型代表非匀速运动动画，可以产生缓起、缓停等效果，实现速度的变化。用户可以在速度曲线中调节贝塞尔曲线的形状，从而控制速度的变化。

**定格：** 这种类型代表动画呈现静帧效果。

**缓入：** 这种类型代表动画的速度逐渐减慢。

**缓出：** 这种类型代表动画的速度逐渐加快。

## 4.1.4 空间插值

"空间插值"只存在于"位置"参数中，选择不同的插值方式，可以使素材在画面中运动的路径呈现出不同的变化效果。图4-11所示是"空间插值"的不同类型。

图4-11

**线性：** 这种类型代表素材在画面中以直线形式运动，如图4-12所示。图中的虚线代表素材运动的路径。

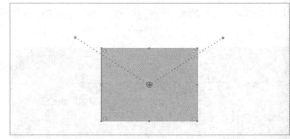

图4-12

**贝塞尔曲线：** 这种类型代表素材在画面中以贝塞尔曲线形式运动，可以通过单独调节控制柄来调整曲线的形状，如图4-13所示。

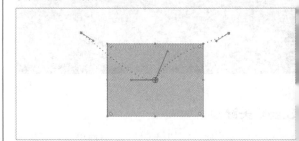

图4-13

**自动贝塞尔曲线：** 这种类型代表素材在画面中以贝塞尔曲线形式运动。调节控制柄时，会始终呈现切线形式，不能单独调节一侧的角度，如图4-14所示。

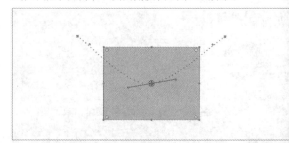

图4-14

**连续贝塞尔曲线：** 与自动贝塞尔曲线相似，调节控制柄时，会始终呈现切线形式，不能单独调节一侧的角度，如图4-15所示。

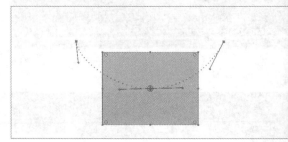

图4-15

## 4.1.5 速度曲线

　　设置好"临时插值"后，就可以调节参数的速度曲线了，不同的曲线形式会呈现不同的速度变化效果。单击参数前的▶按钮展开参数，就可以在右侧观察速度曲线，如图4-16所示。Premiere Pro会根据曲线的斜率确定运动速度的快

慢。当曲线斜率增大时，运动速度会变快；当曲线斜率减小时，运动速度会变慢。图4-16展示了速度先逐渐加快后逐渐减慢的运动效果。

　　调节控制柄可以控制速度变化。图4-17所示是速度突然加快、再突然减慢，最后缓慢停止的运动效果。

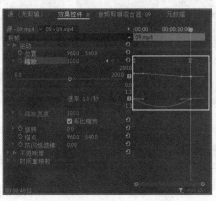

图4-16

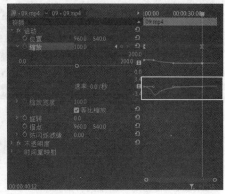

图4-17

> 📄 **技巧与提示**
>
> 　　当"临时插值"为"线性"或"定格"时，速度曲线将保持为一条水平的直线，无法调节速度大小。

# 4.2 关键帧属性

　　在"效果控件"面板的"运动"卷展栏中包含"位置""缩放""旋转""锚点""不透明度"等属性。

**本节重点内容**

| 重点内容 | 说明 | 重要程度 |
| --- | --- | --- |
| 位置 | 确定素材的位置 | 高 |
| 缩放 | 确定素材的大小 | 高 |
| 旋转 | 确定素材的角度 | 高 |
| 锚点 | 确定素材中心的位置 | 中 |
| 蒙版 | 在素材上绘制不同形状的蒙版 | 高 |
| 不透明度 | 确定素材的不透明度 | 高 |
| 混合模式 | 两个剪辑之间的混合方式 | 高 |

## 4.2.1 位置

　　"位置"属性用于确定素材在画面中的坐标位置，在时间线上添加"位置"关键帧就能创建位移动画效果。选中需要移动的剪辑，在节目监视器中会发现素材周围出现了蓝色的编辑框，如图4-18所示。使用"选择工具"▶就可以移动素材，如图4-19所示。

　　如果需要精确移动素材，可以在"效果控件"面板中设置"位置"参数值，如图4-20所示。

图4-18

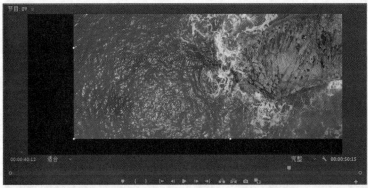

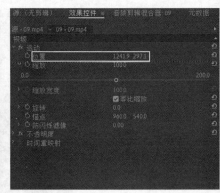

图4-19

图4-20

## 4.2.2 缩放

"缩放"属性用于调整素材的大小。与"位置"属性类似，选中需要缩放的剪辑，在节目监视器中会发现素材周围出现了蓝色的编辑框，使用"选择工具" ▶ 就可以均匀放大或缩小素材，如图4-21所示。

默认情况下，"缩放"属性会等比例缩放素材的大小。在"效果控件"面板中取消勾选"等比缩放"选项，就会激活"缩放高度"和"缩放宽度"两个参数，此时就可以单独缩放素材的高度或宽度，如图4-22所示。画面效果如图4-23所示。

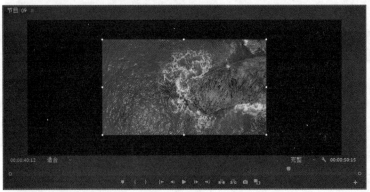

图4-22

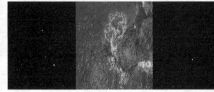

图4-21

图4-23

> 📝 **技巧与提示**
>
> 如果想还原之前的调整效果，只需单击相应参数右侧的"重置参数"按钮 ⟳ 即可。

## 4.2.3 旋转

"旋转"属性用于控制素材的旋转角度，其原理是围绕锚点对素材进行旋转，如图4-24所示。在"效果控件"面板中可以精确设置素材的旋转角度，如图4-25所示。

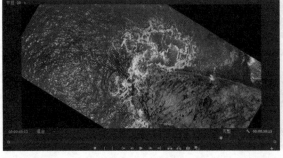

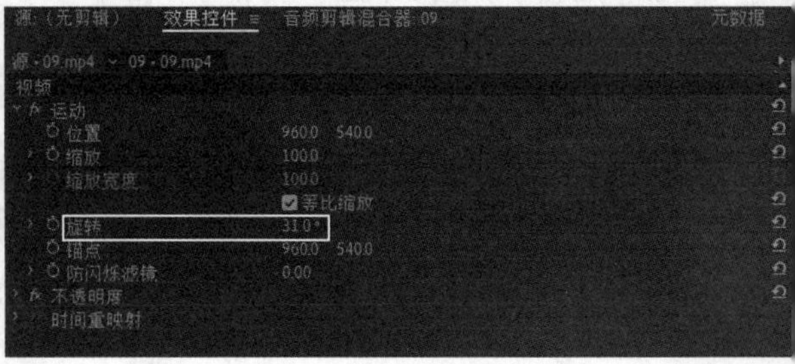

图4-24

图4-25

## 4.2.4 锚点

"锚点"属性用于确定素材的中心点位置。"缩放"和"旋转"两个属性会以"锚点"所在的位置为素材的中心进行缩放或旋转，如图4-26所示。

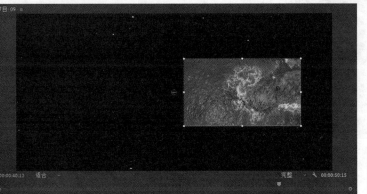

图4-26

## 4.2.5 蒙版

与其他软件的蒙版类似，Premiere Pro的蒙版也是选取素材的局部与底层素材进行混合。Premiere Pro的蒙版包括椭圆形蒙版、4点多边形蒙版和自由绘制贝塞尔曲线3种类型，如图4-27所示。

使用"创建椭圆形蒙版"工具◯在上层轨道的剪辑上绘制蒙版时，会生成椭圆形区域，如图4-28所示。

使用"创建4点多边形蒙版"工具▢在上层轨道的剪辑上绘制蒙版时，会生成任意四边形区域，如图4-29所示。

图4-27

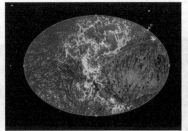

图4-28

图4-29

使用"自由绘制贝塞尔曲线"工具✏在上层轨道的剪辑上绘制蒙版时，会生成任意形态的区域，如图4-30所示。

添加了蒙版后，会新增一些蒙版属性，如图4-31所示。

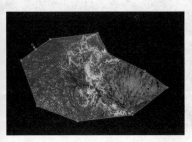

图4-30

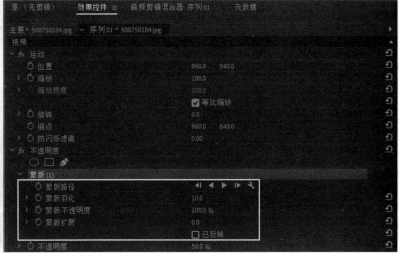

图4-31

**蒙版路径：** 可以移动蒙版的位置，并添加关键帧。
**蒙版羽化：** 使蒙版的边缘呈现渐隐效果，如图4-32所示。

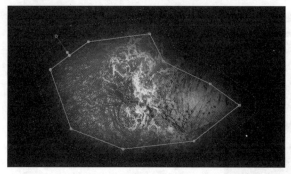

图4-32

**蒙版不透明度：** 设置蒙版的不透明度，与下方剪辑产生混合效果，如图4-33所示。

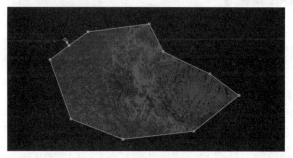

图4-33

**蒙版扩展：** 可以放大或缩小蒙版的范围，如图4-34所示。

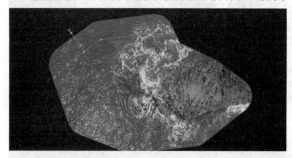

图4-34

**已反转：** 勾选该选项，会显示蒙版外的素材，隐藏蒙版内的素材，如图4-35所示。

图4-35

## 4.2.6 不透明度

不透明度属性可使剪辑呈现半透明状态，并与下层的剪辑产生混合效果，如图4-36所示。当"不透明度"为100％时，剪辑会完全显示；当"不透明度"为0％时，剪辑会完全消失。

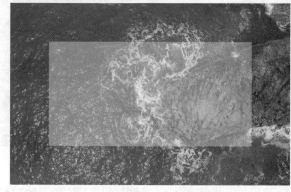

图4-36

## 4.2.7 混合模式

混合模式是通过不同的模式对剪辑与下层轨道的剪辑进行混合，包含27种混合模式，如图4-37所示。这些混合模式的使用方法与Photoshop中图层混合模式的使用方法相同。图4-38所示是27种混合模式的混合效果。

| 正常 | 颜色减淡 | 强混合 |
|---|---|---|
| 溶解 | 线性减淡（添加） | 差值 |
| 变暗 | 浅色 | 排除 |
| 相乘 | 叠加 | 相减 |
| 颜色加深 | 柔光 | 相除 |
| 线性加深 | 强光 | 色相 |
| 深色 | 亮光 | 饱和度 |
| 变亮 | 线性光 | 颜色 |
| 滤色 | 点光 | 发光度 |

图4-37

正常

图4-38

图4-38（续）

課堂案例

# 制作电子相册

案例文件　案例文件>CH04>课堂案例：制作电子相册
视频名称　课堂案例：制作电子相册.mp4
学习目标　掌握关键帧的使用方法

本案例将为静帧图片添加位置/旋转/缩放的关键帧，从而生成一个简单的电子相册，案例效果如图4-39所示。

图4-39

**01** 双击"项目"面板的空白区域，在弹出的"导入"对话框中选择本书学习资源"案例文件>CH04>课堂案例：制作电子相册"文件夹中的所有素材并导入，如图4-40所示。

**02** 按快捷键Ctrl+N打开"新建序列"对话框，选中图4-41所示的预设序列。

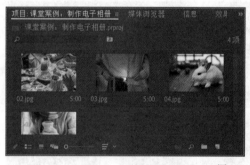

图4-40

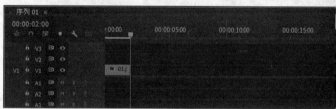

图4-41

**03** 将素材01.jpg拖曳到V1轨道上，移动播放指示器到00:00:02:00的位置，按快捷键Ctrl+K裁剪剪辑，并删掉后半截剪辑片段，如图4-42所示。

> **技巧与提示**
> 因为素材的大小远超过序列画幅的大小，所以在节目监视器中只能看到部分素材画面。这里先不用调整，后续制作缩放动画时再调整。

图4-42

**04** 将素材02.jpg拖曳到V2轨道上，调整其时长为2秒，如图4-43所示。

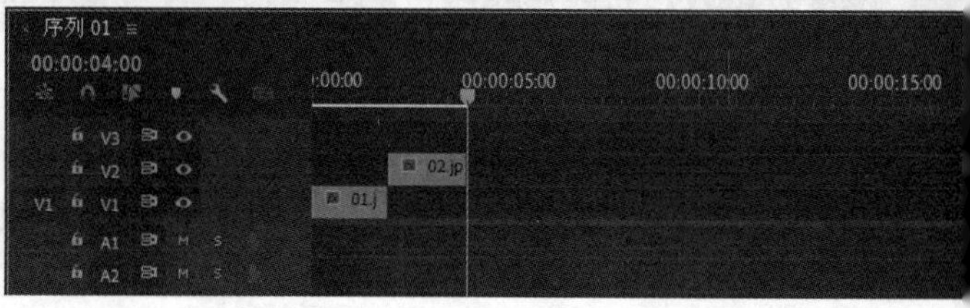

> **技巧与提示**
> 素材可以放置在同一个轨道上，也可以分别放置在不同的轨道上，这并没有严格的规定。

图4-43

05 按照同样的方法将其他两个素材文件都放置在轨道上，如图4-44所示。

06 选中01.jpg剪辑，在剪辑起始位置单击"缩放"参数前的"切换动画"按钮 添加关键帧，如图4-45所示。效果如图4-46所示。

图4-44

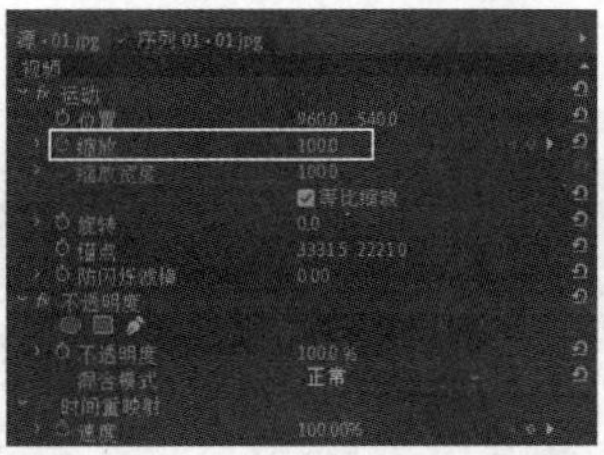

图4-45

图4-46

07 移动播放指示器到00:00:02:00的位置，设置"缩放"为30，如图4-47所示。效果如图4-48所示。

图4-47

图4-48

08 调整"缩放"参数的速度曲线，如图4-49所示。画面会呈现先缓慢加速后减速的效果。

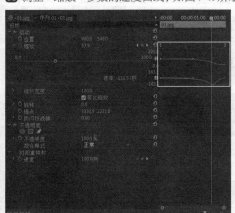

图4-49

09 选中02.jpg剪辑，在剪辑起始位置设置"位置"为（1240,540），单击"切换动画"按钮 添加关键帧，设置"缩放"为40，如图4-50所示。效果如图4-51所示。

图4-50

图4-51

10 移动播放指示器到00:00:04:00的位置，设置"位置"为（675,540），如图4-52所示。效果如图4-53所示。

图4-52

图4-53

11 选中03.jpg剪辑，在剪辑起始位置设置"缩放"为24，并添加关键帧，如图4-54所示。效果如图4-55所示。

图4-54

图4-55

⑫ 移动播放指示器到00:00:06:00的位置，设置"缩放"为100，如图4-56所示。效果如图4-57所示。

⑬ 调整"缩放"参数的速度曲线，如图4-58所示。生成先加速后逐渐减速的动画效果。

图4-56

图4-57

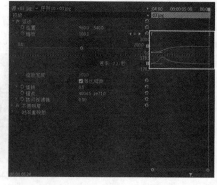

图4-58

⑭ 选中04.jpg剪辑，在剪辑起始位置设置"位置"为（960,264），并添加关键帧，设置"缩放"为30，如图4-59所示。效果如图4-60所示。

图4-59

图4-60

⑮ 移动播放指示器到00:00:08:00的位置，设置"位置"为（960,810），如图4-61所示。效果如图4-62所示。

图4-61

图4-62

⑯ 按Space键播放序列，案例最终效果如图4-63所示。

图4-63

📇 课堂案例

## 动感美食文字动画

| | |
|---|---|
| 案例文件 | 案例文件>CH04>课堂案例：动感美食文字动画 |
| 视频名称 | 课堂案例：动感美食文字动画.mp4 |
| 学习目标 | 掌握常用关键帧的使用方法 |

本案例将运用素材和文字制作一段动感美食动画，效果如图4-64所示。

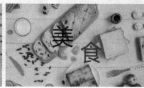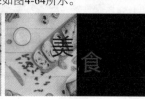

图4-64

① 双击"项目"面板的空白区域，在弹出的"导入"对话框中选择本书学习资源"案例文件>CH04>课堂案例：动感美食文字动画"文件夹中的素材文件并导入，新建一个AVCHD 1080p25序列，如图4-65所示。

② 将"背景.jpg"素材文件添加到序列的V1轨道上，并调整画面的大小，如图4-66所示。

图4-65

图4-66

③ 使用"文字工具" T 在画面中输入"美"，在"效果控件"面板中展开"文本"卷展栏，设置"字体"为"方正兰亭黑_GBK"、"字体大小"为300、"填充"颜色为深灰色，如图4-67所示。效果如图4-68所示。

④ 按住Alt键，选中文本剪辑，向上复制到V3轨道上，将此处的"美"字改为"食"字，如图4-69所示。

图4-67

图4-68

图4-69

⑤ 移动播放指示器到00:00:00:10的位置，将"美"剪辑的起始位置移动到该处，然后移动播放指示器到00:00:00:20的位置，将"食"剪辑的起始位置移动到该处，如图4-70所示。

⑥ 在"项目"面板中执行"新建项>颜色遮罩"菜单命令，新建一个黑色的颜色遮罩图层，然后移动播放指示器到00:00:01:00的位置，将颜色遮罩图层添加到V4轨道上，如图4-71所示。

⑦ 在"效果"面板中搜索"线性擦除"效果，将该效果拖曳到黑色的颜色遮罩剪辑上，如图4-72所示。

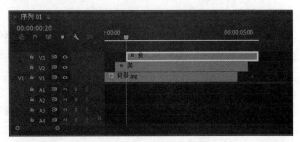

图4-70

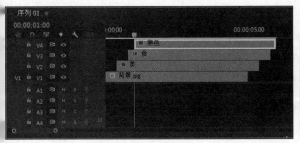

图4-71

图4-72

**08** 选中黑色的颜色遮罩图层，在剪辑起始位置设置"过渡完成"为100%，并添加关键帧，如图4-73所示。此时画面中没有黑色图层。

**09** 移动播放指示器到00:00:01:05的位置，设置"过渡完成"为50%，如图4-74所示。此时黑色图层刚好遮住画面一半，效果如图4-75所示。

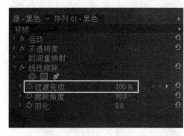  

图4-73 　　　　　　　　　　　　　　　图4-74 　　　　　　　　　　　　　　　图4-75

**10** 黑色图层遮挡了下方的文字，将两个剪辑的位置对调，就可以显示出文字，如图4-76和图4-77所示。

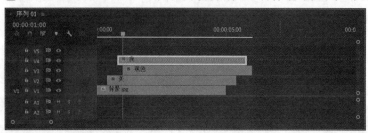 

图4-76 　　　　　　　　　　　　　　　　　　　　　　　　图4-77

**11** 新建一个白色的颜色遮罩图层，将其添加到V5轨道上，移动该剪辑的起始位置到00:00:01:10的位置，如图4-78所示。

**12** 在00:00:01:20的位置添加白色颜色遮罩剪辑的"位置"关键帧，保持画面不变，如图4-79所示。

图4-78 　　　　　　　　　　　　　　　　　　　　　　　　图4-79

**13** 返回白色颜色遮罩剪辑的起始位置，设置"位置"为（960，−545），使白色图层移动到画面上方，如图4-80所示。动画效果如图4-81所示。

图4-80

图4-81

⑭ 使用"文字工具"🅣在画面中输入"由我决定",设置"字体大小"为260、"字距调整"为300,如图4-82所示。效果如图4-83所示。

⑮ 在"效果"面板中选择"线性擦除"效果,将其拖曳到"由我决定"剪辑上,在剪辑起始位置添加"过渡完成"关键帧,设置"过渡完成"为100%、"擦除角度"为 -90°,如图4-84所示。

图4-82　　　　　　　　　图4-83　　　　　　　　　图4-84

⑯ 按→键向后移动一帧,设置"过渡完成"为70%,如图4-85所示。效果如图4-86所示。

图4-85　　　　　　　　　图4-86

⑰ 移动播放指示器到00:00:02:01的位置,单击"添加/移除关键帧"按钮◎,添加一个相同参数的关键帧,然后向后移动一帧,设置"过渡完成"为50%,如图4-87所示。效果如图4-88所示。

图4-87　　　　　　　　　图4-88

⑱ 移动播放指示器到00:00:02:07的位置,单击"添加/移除关键帧"按钮◎,添加一个相同参数的关键帧,然后向后移动一帧,设置"过渡完成"为30%,如图4-89所示。效果如图4-90所示。

图4-89　　　　　　　　　图4-90

⑲ 移动播放指示器到00:00:02:14的位置,单击"添加/移除关键帧"按钮◎,添加一个相同参数的关键帧,然后向后移动一帧,设置"过渡完成"为0%,如图4-91所示。效果如图4-92所示。

图4-91　　　　　　　　　图4-92

⑳ 按Space键播放动画,案例最终效果如图4-93所示。

图4-93

🔁 课堂案例

## 婚礼签到处

| 案例文件 | 案例文件>CH04>课堂案例：婚礼签到处 |
|---|---|
| 视频名称 | 课堂案例：婚礼签到处.mp4 |
| 学习目标 | 掌握"不透明度"参数的动画效果的制作方法 |

本案例通过调整素材的不透明度属性来制作一段婚礼签到处动画，如图4-94所示。

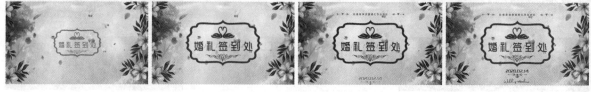

图4-94

**01** 双击"项目"面板的空白区域，在弹出的"导入"对话框中选择本书学习资源"案例文件>CH04>课堂案例：婚礼签到处"文件夹中的所有素材并导入，如图4-95所示。

**02** 选中素材01.jpg，并将其拖曳到"时间线"面板中，生成一个序列，如图4-96所示。

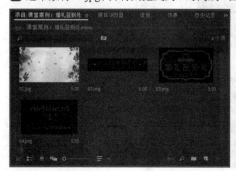

图4-95

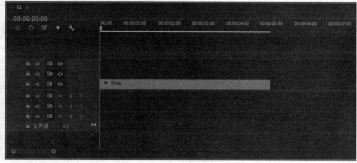

图4-96

**03** 将其他素材也拖曳到序列上，并放置在不同的轨道上，如图4-97所示。此时素材都集中在节目监视器的中心位置，如图4-98所示。

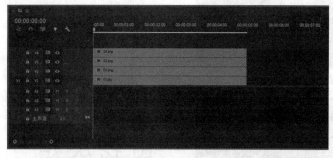

图4-97

图4-98

💬 技巧与提示

默认情况下只有3个视频轨道，在V3轨道上单击鼠标右键，在弹出的菜单中选择"添加单个轨道"选项，就可以在V3轨道上方添加V4轨道，如图4-99所示。

图4-99

**04** 移动素材的位置，摆放出最终呈现的效果，如图4-100所示。

**05** 关闭显示V2和V4轨道，选中V3轨道的剪辑，在起始位置添加"不透明度"关键帧，设置"不透明度"为0%，如图4-101所示。

图4-100

图4-101

**06** 移动播放指示器到00:00:02:00的位置，设置"不透明度"为100%，如图4-102所示。效果如图4-103所示。

**07** 在设置关键帧的位置，设置"缩放"分别为0和100，过渡效果如图4-104所示。

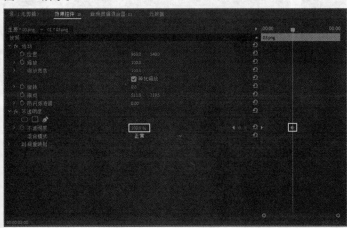

图4-102

图4-103

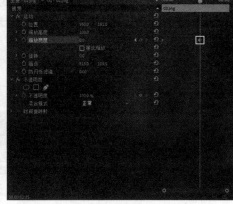

图4-104

**08** 显示V1轨道的素材，在起始位置取消勾选"等比缩放"选项，并设置"缩放宽度"为0，如图4-105所示。

**09** 移动播放指示器到00:00:02:15的位置，继续添加"缩放宽度"关键帧，保持数值不变，如图4-106所示。

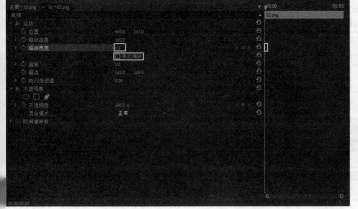

图4-105

图4-106

⑩ 将播放指示器移动到00:00:04:00的位置，设置"缩放宽度"为100，如图4-107所示。效果如图4-108所示。

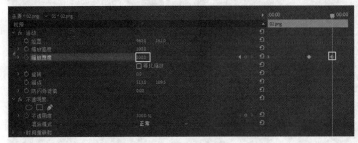 

图4-107                        图4-108

⑪ 显示V4轨道的剪辑，在起始位置添加"位置"关键帧，并将剪辑向下移动到画面以外，如图4-109所示。

⑫ 移动播放指示器到00:00:03:10处，添加"位置"关键帧，保持剪辑位置不变，如图4-110所示。

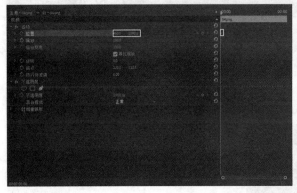 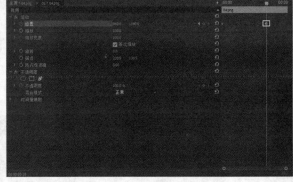

图4-109                        图4-110

⑬ 移动播放指示器到00:00:04:10处，移动剪辑的位置，将其放置在画面下方，如图4-111所示。效果如图4-112所示。

图4-111                        图4-112

⑭ 在相同的关键帧位置添加"不透明度"关键帧，设置"不透明度"分别为0%、0%和100%，如图4-113所示。

⑮ 按Space键预览效果，案例最终效果如图4-114所示。

图4-113

图4-114

# 4.3 时间重映射

"时间重映射"可以实现素材的加速、减速、倒放和静止等播放效果,让画面产生节奏变化和动感效果。

## 4.3.1 加速/减速

在序列中添加一段动态剪辑,选中该剪辑,单击鼠标右键,在弹出的菜单中选择"显示剪辑关键帧>时间重映射>速度"选项,放大轨道就能看到速度的线段,如图4-115和图4-116所示。

图4-115

📝 技巧与提示

将鼠标指针放在轨道的分界线上,按住鼠标左键向上拖曳,就能将轨道放大。

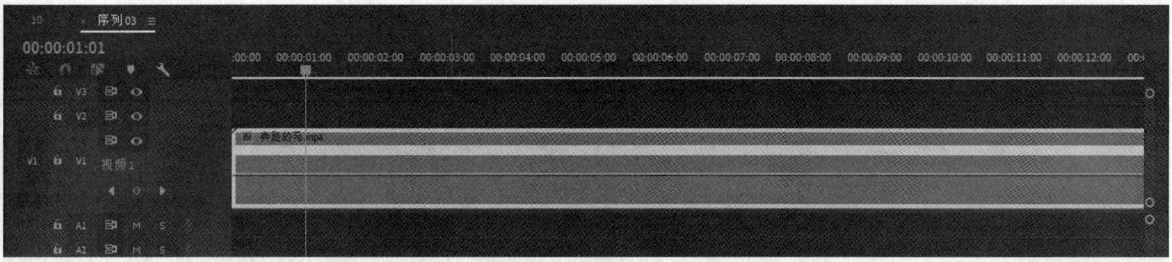

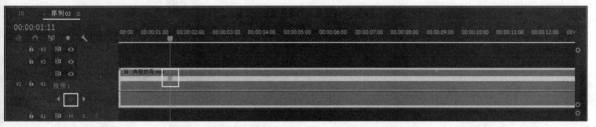

图4-116

将播放指示器移动到需要改变速度的位置,单击轨道左侧的"添加-移除关键帧"按钮▧,就可以在剪辑上添加关键帧,如图4-117所示。

图4-117

选中两个关键帧之间的线段,使用"移动工具"▶向上移动线段,这时节目监视器中的画面呈加速播放的状态,如图4-118所示。使用"移动工具"▶向下移动线段,这时节目监视器中的画面呈减速播放的状态,如图4-119所示。

图4-118

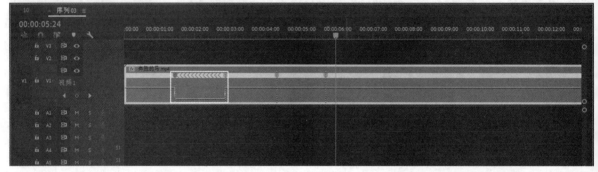

图4-119

📝 **技巧与提示**

在"效果控件"面板中的时间线上也可以拖曳线段。

## 4.3.2 倒放

在倒放剪辑时,在要倒放的位置添加时间重映射关键帧,选中该关键帧并按住Ctrl键不放,向右拖曳一段距离,如图4-120所示,拖曳的距离就是倒放剪辑的长度。

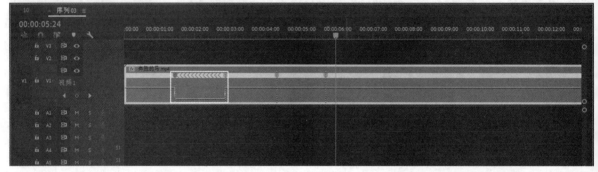

图4-120

需要注意的是,在按住Ctrl键不放并向右拖曳关键帧时,节目监视器中的画面被一分为二,如图4-121所示。左侧显示的当前帧画面处于静止状态,右侧显示的则是倒放的画面。拖曳关键帧时,右侧的画面会播放倒放的效果,方便确定倒放的位置。

图4-121

## 4.3.3 静止帧

移动播放指示器到需要静止的位置,按住Ctrl键和Alt键不放,向右拖曳一段距离,这段距离中的帧就会处于静止状态,如图4-122所示。

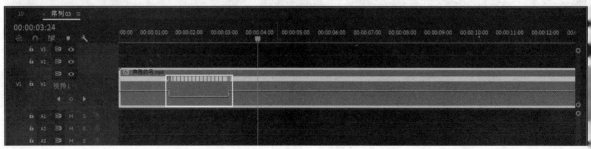

图4-122

与倒放一样，在拖曳静止帧时，节目监视器中的画面被一分为二，左侧显示的当前帧画面处于静止状态，右侧显示的则是需要静止的画面长度。

## 4.3.4 修改帧的位置

如果需要修改关键帧的位置，直接选中关键帧并拖曳，就会让线段变成斜线，如图4-123所示。此时斜线上就会产生平滑的运动效果，旋转斜线上的手柄可以改变运动的平滑程度。

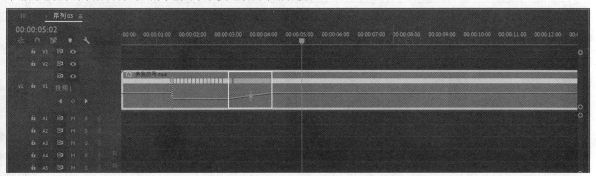

图4-123

如果只想改变关键帧的区间，不想改变播放速度，就需要按住Alt键并拖曳关键帧，如图4-124所示。

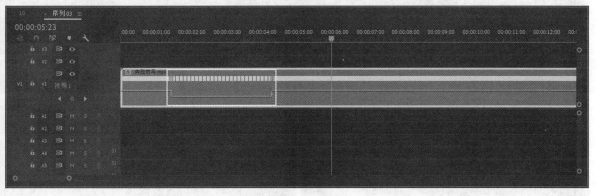

图4-124

📝 **技巧与提示**

以上操作也可以在"效果控件"面板中进行。读者可按照自身的习惯选择合适的方法。

## 4.3.5 删除帧

如果要删除单个关键帧，只需要选中该关键帧，按Delete键即可删除。如果要删除所有关键帧，需要在"效果控件"面板中单击蓝色的"切换动画"按钮🔘，此时系统会弹出对话框，询问是否删除所有关键帧，如图4-125所示。单击"确定"按钮 **确定** ，就可以将所有的时间重映射关键帧删除。

图4-125

# 4.4 本章小结

通过本章的学习，相信读者对Premiere Pro的关键帧有了一定的认识。运用关键帧可以让剪辑产生不同的动画效果，从而制作出想要的视频。

# 4.5 课后习题

下面通过两个课后习题来练习本章所学的内容，复习本章所学的关键帧的相关知识。

## 课后习题：转场小动画

| | |
|---|---|
| 案例文件 | 案例文件>CH04>课后习题：转场小动画 |
| 视频名称 | 课后习题：转场小动画.mp4 |
| 学习目标 | 掌握关键帧的用法 |

本案例需要在序列中绘制圆形，并在"缩放"参数上添加关键帧，从而形成动画效果，如图4-126所示。

图4-126

## 课后习题：图片切换动画

| | |
|---|---|
| 案例文件 | 案例文件>CH04>课后习题：图片切换动画 |
| 视频名称 | 课后习题：图片切换动画.mp4 |
| 学习目标 | 掌握练习关键帧动画的制作方法 |

本案例需要将素材文件夹中的图片素材导入"项目"面板，并为素材添加位置、缩放和旋转的关键帧，效果如图4-127所示。

图4-127

## 课后习题：动态分类标签

| | |
|---|---|
| 案例文件 | 案例文件>CH04>课后习题：动态分类标签 |
| 视频名称 | 课后习题：动态分类标签.mp4 |
| 学习目标 | 掌握不透明度和位移动画的制作方法 |

本案例需要在一个现成的动态视频中添加标签文字，并为文字添加不透明度的动画效果，如图4-128所示。

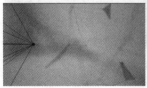 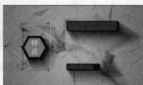  

图4-128

# 第 5 章

## 视频过渡

　　本章将讲解视频过渡的相关知识。系统为用户提供了多种过渡效果，用户只需要将过渡效果放置在两段剪辑之间，即可自动生成过渡效果，不需要手动添加关键帧，可节省制作时间。

### 课堂学习目标

◇　掌握常用的过渡效果

# 5.1 内滑类视频过渡效果

内滑类视频过渡效果可使两段剪辑呈现不同的内部移动效果，从而实现剪辑的过渡。

**本节重点内容**

| 重点内容 | 说明 | 重要程度 |
|---|---|---|
| 中心拆分 | 拆分过渡 | 中 |
| 内滑 | 移动覆盖过渡 | 高 |
| 带状内滑 | 带状移动覆盖过渡 | 高 |
| 急摇 | 模糊的滑动过渡 | 中 |
| 拆分 | 从内向外拆分过渡 | 中 |
| 推 | 移动过渡 | 中 |

## 5.1.1 中心拆分

选中"中心拆分"过渡效果，将其拖曳到两段剪辑的连接处，就会自动生成过渡效果。移动播放指示器，可以看到过渡区域前一段剪辑从中心开始拆分为4块，在下方显示后一段剪辑，如图5-1所示。

图5-1

在剪辑上选中过渡部分，可以在"效果控件"面板中设置过渡的时长、对齐方式和边框等属性，如图5-2所示。

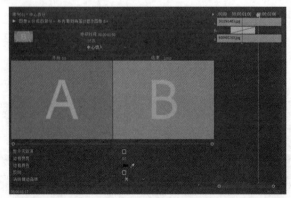

图5-2

**持续时间：**控制过渡剪辑的时长。

**对齐：**控制过渡剪辑的对齐方式，有"中心切入"和"终点切入"两种方式。

**边框宽度：**设置拆分剪辑的外围边框宽度，如图5-3所示。

图5-3

**边框颜色：**设置拆分剪辑的外围边框颜色，如图5-4所示。

图5-4

**反向：**勾选后会将后一段剪辑作为拆分对象，且过渡方式会从拆分转换为合并，如图5-5所示。

图5-5

## 5.1.2 内滑

选中"内滑"过渡效果，将其拖曳到两段剪辑的连接处，就会自动生成过渡效果。移动播放指示器，可以看到过渡区域后一段剪辑会从左向右移动并覆盖前一段剪辑，如图5-6所示。

图5-6

除了默认的从左向右移动，在"效果控件"面板中还可以设置其他移动方向，如图5-7所示。单击不同方向的按钮，可以生成不同方向的移动过渡效果，如图5-8所示。

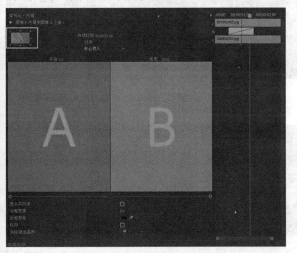

图5-7

图5-8

> **技巧与提示**
> "内滑"过渡效果其他参数的用法与"中心拆分"过渡效果相似，这里不再赘述。

## 5.1.3 带状内滑

"带状内滑"过渡效果与"内滑"过渡效果相似，是将后一段剪辑拆分为带状，从两侧向中间移动并覆盖在前一段剪辑上，如图5-9所示。

图5-9

在"效果控件"面板中可以设置过渡的各种属性，其参数基本与"内滑"过渡效果相同，如图5-10所示。

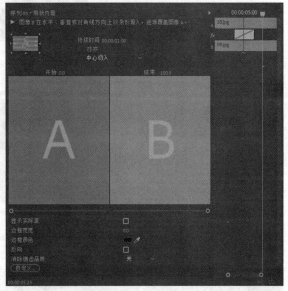

图5-10

**反向：** 勾选该选项后，前一段剪辑会拆分为带状，并向两侧移动，如图5-11所示。

图5-11

**自定义：** 单击该按钮，会弹出"带状内滑设置"对话框，如图5-12所示。在对话框中可以设置拆分的带数量，默认为7。

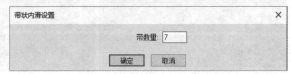

图5-12

087

"带状内滑"过渡效果也可以设置不同方向的内滑方式,如图5-13所示。

图5-13

## 5.1.4 急摇

"急摇"过渡效果可使两段剪辑产生带有模糊效果的滑动过渡效果,如图5-14所示。在"效果控件"面板中只能简单调节过渡的持续时间和对齐方式两个参数。

图5-14

## 5.1.5 拆分

"拆分"过渡效果与"中心拆分"过渡效果类似,是将前一段剪辑从中间一分为二,并向两侧移动,从而显示后一段剪辑,如图5-15所示。

图5-15

勾选"反向"选项后,后一段剪辑会从两侧向中间移动并合并,从而覆盖前一段剪辑,如图5-16所示。

"拆分"过渡效果只能设置横向或竖向的拆分方式,如图5-17所示。

图5-16 图5-17

## 5.1.6 推

"推"过渡效果可使后一段剪辑和前一段剪辑同时、同方向移动,从而进行切换,如图5-18所示。

除了设置横向推动,还可以设置竖向推动,如图5-19所示。

图5-18 图5-19

课堂案例

# 美食电子相册

案例文件　案例文件>CH05>课堂案例：美食电子相册
视频名称　课堂案例：美食电子相册.mp4
学习目标　掌握内滑类过渡效果的使用方法

本案例将为静帧图片添加内滑类过渡效果，从而生成一个美食电子相册，案例效果如图5-20所示。

图5-20

01 双击"项目"面板的空白区域，在弹出的"导入"对话框中选中本书学习资源"案例文件>CH05>课堂案例：美食电子相册"文件夹中的所有素材并导入，如图5-21所示。

02 按快捷键Ctrl+N打开"新建序列"对话框，选中图5-22所示的预设序列。

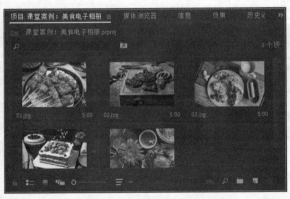

图5-21

图5-22

03 将素材01.jpg拖曳到"时间线"面板中，在"剪辑速度/持续时间"对话框中设置"持续时间"为00:00:01:00，如图5-23所示。该素材在"时间线"面板中的效果如图5-24所示。

04 将素材02.jpg拖曳到"时间线"面板中，同样调整时长为1秒，如图5-25所示。

图5-23

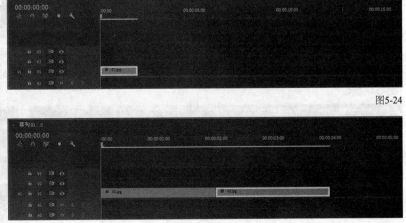

图5-24

图5-25

**05** 按照同样的方法将其他素材文件都放置在时间线上,如图5-26所示。

图5-26

**06** 在"效果"面板的"视频过渡"中选中"中心拆分"过渡效果,按住鼠标左键将其拖曳到01.jpg和02.jpg的中间位置,如图5-27所示。效果如图5-28所示。

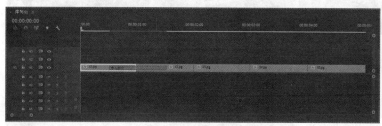

图5-27                                                                        图5-28

**07** 在"效果"面板中选中"带状内滑"过渡效果,按住鼠标左键将其拖曳到02.jpg和03.jpg的中间位置,如图5-29所示。效果如图5-30所示。

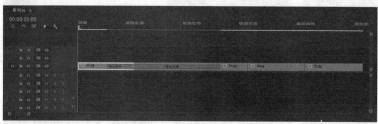

图5-29                                                                        图5-30

**08** 在"效果"面板中选中"拆分"过渡效果,按住鼠标左键将其拖曳到03.jpg和04.jpg的中间位置,如图5-31所示。效果如图5-32所示。

图5-31                                                                        图5-32

**09** 在"效果"面板中选中"推"过渡效果,按住鼠标左键将其拖曳到04.jpg和05.jpg的中间位置,如图5-33所示。效果如图5-34所示。

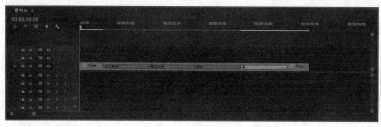

图5-33                                                                        图5-34

⑩ 按Space键预览效果，发现起始位置的效果有些单调。在"效果"面板中选中"内滑"过渡效果，按住鼠标左键将其拖曳到01.jpg的起始位置，如图5-35所示。效果如图5-36所示。

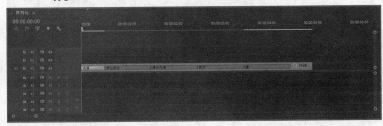

图5-35　　　　　　　　　　　　　　　　　　　　　　　　图5-36

⑪ 由于01.jpg剪辑的下方没有素材，因此过渡的底层呈黑色。选中所有剪辑，向上移动到V2轨道，如图5-37所示。

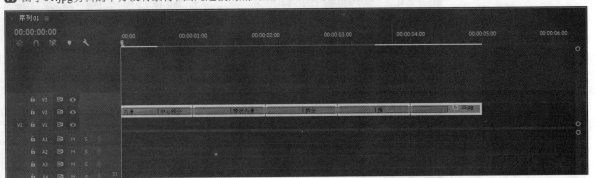

图5-37

⑫ 将素材05.jpg拖曳到V1轨道，将其长度缩短为1秒，如图5-38所示。效果如图5-39所示。

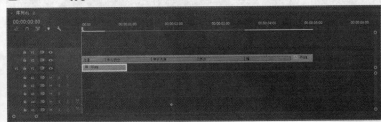

图5-38　　　　　　　　　　　　　　　　　　　　　　　　图5-39

📝 技巧与提示

　　选中剪辑尾部并向前拖曳，即可缩短剪辑长度。

⑬ 按Space键预览效果，发现过渡的时间过长，显得没有节奏感。选中"内滑"过渡，在"效果控件"面板中设置"持续时间"为00:00:00:15，过渡方向为"自北向南"，如图5-40所示。效果如图5-41所示。

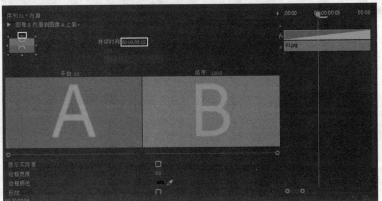

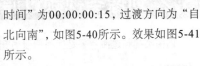

图5-40　　　　　　　　　　　　　　　　　　　　　　　　图5-41

⓮ 选中"中心拆分"过渡效果，在"效果控件"面板中设置"持续时间"为00:00:00:15，如图5-42所示。

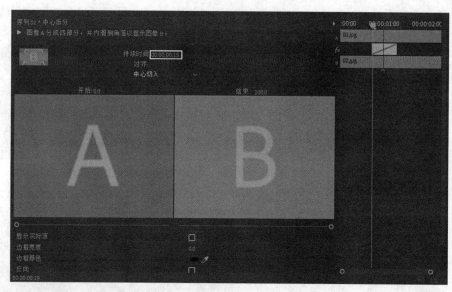

图5-42

⓯ 按照上面的方法，将其他过渡的"持续时间"都修改为00:00:00:15，如图5-43所示。

⓰ 按Space键播放动画，案例最终效果如图5-44所示。

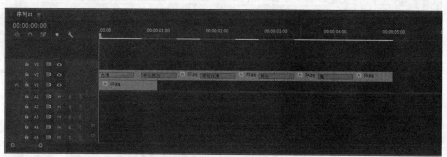

图5-43

图5-44

# 5.2 划像类视频过渡效果

划像类视频过渡效果是指将两段剪辑以特定形状进行放大或缩小，从而形成过渡效果。

## 本节重点内容

| 重点内容 | 说明 | 重要程度 |
|---------|------|---------|
| 交叉划像 | 拆分过渡 | 中 |
| 圆划像 | 圆形过渡 | 中 |
| 盒形划像 | 矩形过渡 | 中 |
| 菱形划像 | 菱形过渡 | 中 |

## 5.2.1 交叉划像

"交叉划像"过渡效果与"中心拆分"过渡效果类似，也是将前一段剪辑拆分为4块，不同的是，"交叉划像"过渡效果的拆分块不会向外移动，只会沿着拆分的位置逐渐减少，如图5-45所示。

图5-45

勾选"反向"选项，后一段剪辑会沿着拆分位置逐渐增大，如图5-46所示。

图5-46

## 5.2.2 圆划像

"圆划像"过渡效果会将后一段剪辑按照圆形的方式逐渐延展开，直到全部覆盖前一段剪辑，如图5-47所示。

勾选"反向"选项，后一段剪辑会按照圆形的方式逐渐缩小，直至全部覆盖前一段剪辑，如图5-48所示。

图5-47

**技巧与提示**

可以将"圆划像"过渡效果简单地理解为在后一段剪辑上添加了一个圆形蒙版，然后为这个蒙版添加放大的关键帧。

图5-48

## 5.2.3 盒形划像/菱形划像

"盒形划像"过渡效果与"圆划像"过渡效果用法一致，只是将圆形替换为矩形，如图5-49所示。

图5-49

"菱形划像"
过渡效果也是相同
的用法，只是将圆
形替换为菱形，如
图5-50所示。

图5-50

# 5.3 擦除类视频过渡效果

擦除类视频过渡效果较多，可以实现丰富的过渡效果。

**本节重点内容**

| 重点内容 | 说明 | 重要程度 |
| --- | --- | --- |
| 划出 | 覆盖过渡 | 高 |
| 双侧平推门 | 覆盖过渡 | 中 |
| 带状擦除 | 带状过渡 | 高 |
| 径向擦除 | 径向过渡 | 中 |
| 插入 | 覆盖过渡 | 中 |
| 时钟式擦除 | 旋转过渡 | 中 |
| 棋盘 | 棋盘格过渡 | 中 |
| 棋盘擦除 | 棋盘格过渡 | 中 |
| 楔形擦除 | 旋转过渡 | 中 |
| 水波块 | 方块过渡 | 中 |
| 油漆飞溅 | 随机过渡 | 高 |
| 百叶窗 | 带状过渡 | 高 |
| 螺旋框 | 螺旋过渡 | 中 |
| 随机块 | 随机块状过渡 | 中 |
| 随机擦除 | 随机块状过渡 | 高 |
| 风车 | 旋转过渡 | 中 |

## 5.3.1 划出

"划出"过渡效果与"内滑"过渡效果类似，不同之处在于后一段剪辑的位置始终不变，只是从左向右逐渐覆盖
前一段剪辑，如
图5-51所示。

图5-51

可以在"效果控件"面板中选择不同的划出方向，如图5-52所示。

图5-52

## 5.3.2 双侧平推门

"双侧平推门"过渡效果与"拆分"过渡效果类似，区别在于"双侧平推门"过渡效果的剪辑本身不会移动，如图5-53所示。除了横向推开，还可以选择竖向推开效果，如图5-54所示。

图5-53                              图5-54

## 5.3.3 带状擦除

"带状擦除"过渡效果与"带状内滑"过渡效果类似，区别在于"带状擦除"过渡效果的剪辑本身不会移动，如图5-55所示。

图5-55

"带状擦除"过渡效果也可以实现不同方向的擦除效果，如图5-56所示。

图5-56

## 5.3.4 径向擦除

"径向擦除"过渡效果是将后一段剪辑以画面的一个角为圆心旋转一周，从而覆盖前一段剪辑，如图5-57所示。

图5-57

默认情况下，以前一段剪辑的左上角为圆心进行旋转，也可以以其他3个角为圆心进行旋转，如图5-58所示。

图5-58

## 5.3.5 插入

"插入"过渡效果是将后一段剪辑从左上角开始逐渐放大，从而覆盖前一段剪辑，如图5-59所示。

图5-59

默认情况下，从前一段剪辑的左上角开始进行放大，也可以从其他3个角开始进行放大，如图5-60所示。

图5-60

## 5.3.6 时钟式擦除

　　"时钟式擦除"过渡效果是将后一
段剪辑以画面中心为圆点进行旋转,
从而覆盖前一段剪辑,如图5-61所示。

图5-61

　　在"效果控件"面板中可以选择擦除起始的位置,如图5-62所示。

图5-62

## 5.3.7 棋盘/棋盘擦除

　　"棋盘"过渡效果可按照棋盘格的
效果交替显示前后两段剪辑,从而使
后一段剪辑覆盖前一段剪辑,如图5-63
所示。

图5-63

📝 技巧与提示

　　不能为"棋盘"过渡效果设置过渡的方向。

在"效果控件"面板中单击"自定义"按钮 自定义... ，在弹出的"棋盘设置"对话框中可以设置棋盘的格子数，如图5-64所示。

"棋盘擦除"过渡效果与"棋盘"过渡效果很相似，也是通过棋盘格的效果交替显示前后两段剪辑，从而使后一段剪辑覆盖前一段剪辑，不同的是，"棋盘擦除"过渡效果的显示方式与"棋盘"过渡效果的显示方式不同，且可以设定擦除方向，如图5-65和图5-66所示。

图5-64

图5-65

图5-66

## 5.3.8 楔形擦除

"楔形擦除"过渡效果与"时钟式擦除"过渡效果有些类似，都是以画面中心为圆点进行旋转并覆盖前一段剪辑，不同之处在于"楔形擦除"过渡效果会同时朝两侧进行旋转，如图5-67所示。

可以在"效果控件"面板中设置擦除效果的起始位置，如图5-68所示。

图5-67

图5-68

## 5.3.9 水波块

"水波块"过渡效果以方格为基础从上到下依次递进，从而让后一段剪辑覆盖前一段剪辑，如图5-69所示。

"水波块"过渡效果无法设置起始的位置，但可以单击"自定义"按钮 自定义 ，在弹出的"水波块设置"对话框中设置方块的数量，如图5-70所示。

图5-69

图5-70

## 5.3.10 油漆飞溅

"油漆飞溅"过渡效果是通过模拟液体飞溅的形式，让后一段剪辑覆盖前一段剪辑，如图5-71所示。"油漆飞溅"过渡效果在日常制作中比较常用。

📝 技巧与提示

"油漆飞溅"过渡效果无法设置生成的方向。

图5-71

## 5.3.11 百叶窗

"百叶窗"过渡效果可使后一段剪辑以百叶窗的形式覆盖前一段剪辑，如图5-72所示。

在"效果控件"面板中可以设置百叶窗移动的方向，如图5-73所示。单击"自定义"按钮 自定义... ，在弹出的对话框中可以设置百叶窗的带数量，如图5-74所示。

图5-72

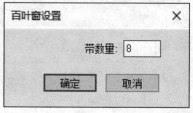

图5-73 图5-74

## 5.3.12 螺旋框

"螺旋框"过渡效果与"水波块"过渡效果类似，都是以方块移动的形式进行擦除。不同之处在于"螺旋框"过渡效果是以螺旋的移动方式擦除前一段剪辑，如图5-75所示。

在"效果控件"面板中单击"自定义"按钮 自定义... ，在弹出的对话框中可以设置方块的数量，如图5-76所示。

图5-75 图5-76

## 5.3.13 随机块/随机擦除

"随机块"过渡效果也是利用方块的形式对前一段剪辑进行擦除，且方块呈现效果是随机的，如图5-77所示。

在"效果控件"面板中单击"自定义"按钮 自定义... ，在弹出的对话框中可以设置方块的数量，如图5-78所示。

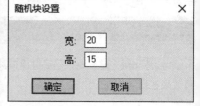

图5-77 图5-78

"随机擦除"过渡效果与"随机块"过渡效果类似，也是利用随机的方块对前一段剪辑进行擦除，但擦除是带有方向性的，如图5-79所示。

在"效果控件"面板中可以设置不同的擦除方向，如图5-80所示。

图5-79　　　　　　　　　　　　　　　　　　　　　　　　　　　　　　图5-80

## 5.3.14 风车

"风车"过渡效果是以画面中心为圆心进行旋转，后一段剪辑以风车叶片的形式擦除前一段剪辑，如图5-81所示。在"效果控件"面板中单击"自定义"按钮 自定义 ，在弹出的对话框中可以设置楔形数量，如图5-82所示。

图5-81　　　　　　　　　　　　　　　　　　　　　图5-82

📇 课堂案例

### 风景视频转场

| | |
|---|---|
| 案例文件 | 案例文件>CH05>课堂案例：风景视频转场 |
| 视频名称 | 课堂案例：风景视频转场.mp4 |
| 学习目标 | 掌握擦除类视频过渡效果的使用方法 |

本案例要为几张风景图片添加擦除类视频过渡效果，以形成转场效果，如图5-83所示。

图5-83

01 双击"项目"面板的空白区域，在弹出的"导入"对话框中选择本书学习资源"案例文件>CH05>课堂案例：风景视频转场"文件夹中的所有素材并导入，如图5-84所示。

图5-84

02 新建一个AVCHD 1080p25序列，将素材都拖曳到轨道上，并设置"持续时间"都为00:00:01:15，如图5-85所示。

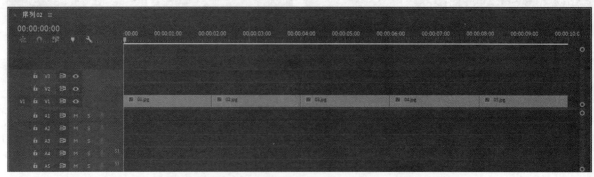

图5-85

03 在"效果"面板的"视频过渡"中选中"油漆飞溅"过渡效果，按住鼠标左键并将其拖曳到01.jpg和02.jpg的中间位置，如图5-86所示。效果如图5-87所示。

图5-86 图5-87

04 在"效果"面板中选中"随机擦除"过渡效果，按住鼠标左键并将其拖曳到02.jpg和03.jpg的中间位置，如图5-88所示。效果如图5-89所示。

图5-88 图5-89

05 选中"随机擦除"过渡效果，在"效果控件"面板中设置过渡方向为"自西向东"，如图5-90所示。效果如图5-91所示。

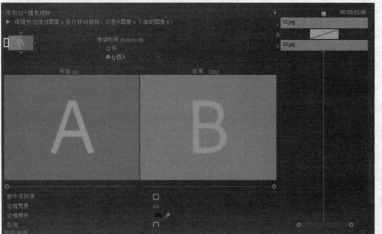 

图5-90 图5-91

06 在"效果"面板中选中"带状擦除"过渡效果,按住鼠标左键并将其拖曳到03.jpg和04.jpg的中间位置,如图5-92所示。效果如图5-93所示。

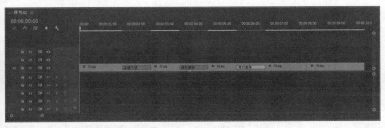 

图5-92　　　　　　　　　　　　　　　　　　　　图5-93

07 选中"带状擦除"过渡效果,在"效果控件"面板中设置过渡方向为"自东南向西北",如图5-94所示。效果如图5-95所示。

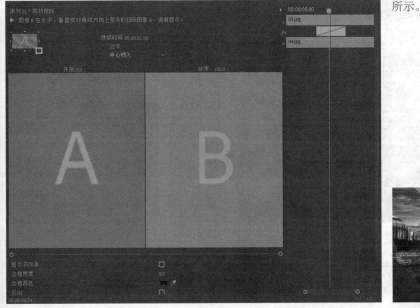 

图5-94　　　　　　　　　　　　　　　　　　　　图5-95

08 观察效果,发现带数量略少。在"效果控件"面板中单击"自定义"按钮 自定义... ,在弹出的对话框中设置"带数量"为12,如图5-96所示。效果如图5-97所示。

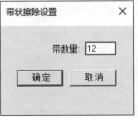 

图5-96　　　　　　　　　　　　　　　　　　　　图5-97

09 在"效果"面板中选中"百叶窗"过渡效果,按住鼠标左键并将其拖曳到04.jpg和05.jpg的中间位置,如图5-98所示。效果如图5-99所示。

图5-98　　　　　　　　　　　　　　　　　　　　图5-99

⑩ 选中"百叶窗"过渡效果，在"效果控件"面板中单击"自定义"按钮 自定义，在弹出的对话框中设置"带数量"为4，如图5-100所示。效果如图5-101所示。

⑪ 按Space键预览效果，案例最终效果如图5-102所示。

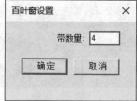

百叶窗设置

带数量: 4

确定 取消

图5-100

图5-101

图5-102

# 5.4 溶解类视频过渡效果

溶解类视频过渡效果在日常制作中比较常见，会使两段剪辑以不同的形式进行融合过渡。

**本节重点内容**

| 重点内容 | 说明 | 重要程度 |
| --- | --- | --- |
| 交叉溶解 | 渐隐过渡 | 高 |
| 叠加溶解 | 混合渐隐过渡 | 中 |
| 白场过渡 | 白色透明度过渡 | 高 |
| 黑场过渡 | 黑色透明度过渡 | 高 |
| 胶片溶解 | 覆盖过渡 | 中 |
| 非叠加溶解 | 明度映射过渡 | 中 |

## 5.4.1 交叉溶解

"交叉溶解"过渡效果会使前一段剪辑渐隐于后一段剪辑,从而形成过渡效果,如图5-103所示。

图5-103

> 📝 技巧与提示
>
> 这种效果类似于在前一段剪辑中添加"不透明度"关键帧,从而形成过渡效果。

## 5.4.2 叠加溶解

"叠加溶解"过渡效果是在"交叉溶解"过渡效果的基础上,两段剪辑有叠加的混合效果,从而会在某些像素上形成变亮或曝光效果,如图5-104所示。只能为"叠加溶解"过渡效果设置过渡的时长和对齐方式,该效果的用法较为简单。

图5-104

## 5.4.3 白场过渡/黑场过渡

"白场过渡"过渡效果和"黑场过渡"过渡效果在影视剪辑中运用较多,这两种剪辑原理一样,都是在两个剪辑交接的位置添加一个白色或黑色的渐隐剪辑,从而形成过渡效果,如图5-105和图5-106所示。

图5-105

图5-106

## 5.4.4 胶片溶解

"胶片溶解"过渡效果会让前一段剪辑以线性方式渐隐于后一段剪辑,从而形成过渡效果,如图5-107所示。它与"交叉溶解"过渡效果相似,只是在图片混合方式上不同。

图5-107

## 5.4.5 非叠加溶解

"非叠加溶解"过渡效果可将前一段剪辑的明度映射到后一段剪辑上,从而形成过渡效果,如图5-108所示。

图5-108

🖥 课堂案例

### 公园林荫转场

| | |
|---|---|
| 案例文件 | 案例文件>CH05>课堂案例:公园林荫转场 |
| 视频名称 | 课堂案例:公园林荫转场.mp4 |
| 学习目标 | 掌握溶解类视频过渡效果的使用方法 |

本案例要为公园林荫图片进行转场剪辑,运用本节学习的溶解类视频过渡效果形成转场效果,如图5-109所示。

图5-109

🔲 双击"项目"面板的空白区域,在弹出的"导入"对话框中选择本书学习资源"案例文件>CH05>课堂案例:公园林荫转场"文件夹中的素材并导入,如图5-110所示。

图5-110

🔲 新建一个AVCHD 1080p25序列,将素材拖曳到轨道上,使每段素材的时长维持在1秒,如图5-111所示。

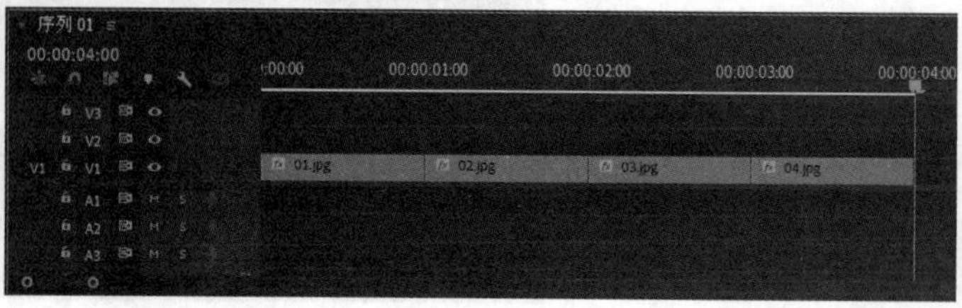

图5-111

**03** 在"效果"面板的"视频过渡"中选中"黑场过渡"过渡效果,按住鼠标左键并将其拖曳到序列的起始和结尾位置,如图5-112所示。效果如图5-113所示。

图5-112

> **技巧与提示**
> 视频的两端都是黑底,选择"黑场过渡"比较合适。

图5-113

**04** 在"效果"面板中选中"叠加溶解"过渡效果,按住鼠标左键并将其拖曳到01.jpg剪辑和02.jpg剪辑的中间位置,如图5-114所示。

图5-114

**05** 选中"叠加溶解"过渡效果,在"效果控件"面板中设置"持续时间"为00:00:00:15,如图5-115所示。效果如图5-116所示。

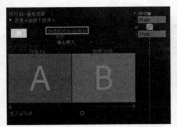

图5-115

图5-116

> **技巧与提示**
> 素材整体的亮度较高,且有曝光的部分,使用"叠加溶解"可以很好地融合素材中曝光的部分,从而形成自然的过渡效果。

**06** 在"效果"面板中选中"交叉溶解"过渡效果,按住鼠标左键并将其拖曳到02.jpg剪辑和03.jpg剪辑的中间位置,如图5-117所示。

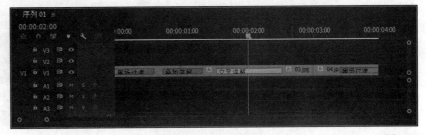

图5-117

**07** 选中"交叉溶解"过渡效果,在"效果控件"面板中设置"持续时间"为00:00:00:15,如图5-118所示。效果如图5-119所示。

图5-118

图5-119

**08** 在"效果"面板中选中"胶片溶解"过渡效果,按住鼠标左键并将其拖曳到03.jpg剪辑和04.jpg剪辑的中间位置,如图5-120所示。

图5-120

**09** 选中"胶片溶解"过渡效果,在"效果控件"面板中设置"持续时间"为00:00:00:15,如图5-121所示。效果如图5-122所示。

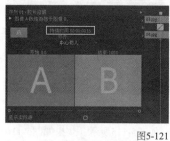

图5-121

图5-122

**10** 按Space键播放动画,案例最终效果如图5-123所示。

图5-123

# 5.5 缩放类视频过渡效果

缩放类视频过渡效果中只有一种过渡效果,即"交叉缩放"。"交叉缩放"过渡效果可将前一段剪辑放大,将后一段剪辑缩小,从而形成过渡效果,如图5-124所示。

 **技巧与提示**

为剪辑添加"缩放"关键帧也可以达到相同的效果。

图5-124

# 5.6 页面剥落类视频过渡效果

页面剥落类视频过渡效果类似翻书，在实际工作中运用不多。

**本节重点内容**

| 重点内容 | 说明 | 重要程度 |
| --- | --- | --- |
| 翻页 | 移动过渡 | 中 |
| 页面剥落 | 移动过渡 | 中 |

## 5.6.1 翻页

"翻页"过渡效果可使前一段剪辑卷曲移动，从而显示后一段剪辑，类似于翻书效果，如图5-125所示。

图5-125

默认是从左上角开始显示翻页效果，还可以设置从其他3个角开始显示翻页效果，如图5-126所示。

图5-126

## 5.6.2 页面剥落

"页面剥落"过渡效果在"翻页"过渡效果的基础上添加了阴影，如图5-127所示。

图5-127

# 5.7 本章小结

通过本章的学习,相信读者对Premiere Pro的视频过渡效果有了一定的认识。视频过渡效果可以将两段剪辑连接起来,形成丰富的视觉效果,不同的过渡效果所呈现的视觉效果也不同。读者需要根据剪辑的前后内容和作品风格选择适合的过渡效果,这就需要进行大量的练习且不断总结经验。

# 5.8 课后习题

下面通过两个课后习题来复习和巩固本章所学的内容。

## 课后习题:夜景视频转场

| 案例文件 | 案例文件>CH05>课后习题:夜景视频转场 |
| --- | --- |
| 视频名称 | 课后习题:夜景视频转场.mp4 |
| 学习目标 | 掌握多种过渡效果的使用方法 |

本案例会对夜景图片进行剪辑,并添加多种过渡效果,效果如图5-128所示。

图5-128

## 课后习题:家居视频转场

| 案例文件 | 案例文件>CH05>课后习题:家居视频转场 |
| --- | --- |
| 视频名称 | 课后习题:家居视频转场.mp4 |
| 学习目标 | 掌握多种过渡效果的使用方法 |

本案例将为素材文件夹中的图片素材添加多种过渡效果,效果如图5-129所示。

图5-129

## 课后习题:旅游度假视频转场

| 案例文件 | 案例文件>CH05>课后习题:旅游度假视频转场 |
| --- | --- |
| 视频名称 | 课后习题:旅游度假视频转场.mp4 |
| 学习目标 | 掌握擦除类视频过渡效果的使用方法 |

本案例将对一段旅游度假视频进行裁剪,并添加擦除类视频过渡效果,从而形成转场效果,如图5-130所示。

图5-130

第 **6** 章

## 视频效果

　　本章将讲解视频效果的相关知识。系统提供了多种视频效果，用户可以利用这些效果为视频烘托气氛，从而将最终的视频效果升华至更高的层次。

**课堂学习目标**

◇　掌握常用的视频效果

# 6.1 变换类视频效果

在"效果"面板中展开"视频效果"菜单，可以看到"变换"类视频效果。使用"变换"效果可以让素材产生翻转、羽化和裁剪等变换效果。

**本节重点内容**

| 重点内容 | 说明 | 重要程度 |
| --- | --- | --- |
| 垂直翻转 | 垂直翻转效果 | 中 |
| 水平翻转 | 水平翻转效果 | 中 |
| 羽化边缘 | 边缘模糊处理 | 中 |
| 裁剪 | 裁剪画面 | 中 |

## 6.1.1 垂直翻转

选中"垂直翻转"效果，将其拖曳到剪辑上，就会自动生成垂直翻转的效果。图6-1所示是翻转前后的对比效果。在"效果控件"面板中可以利用蒙版设置剪辑翻转的区域，如图6-2所示。

图6-1                                                                                                    图6-2

## 6.1.2 水平翻转

选中"水平翻转"效果，将其拖曳到剪辑上，就会自动生成水平翻转的效果。图6-3所示是翻转前后的对比效果。与"垂直翻转"效果一样，"水平翻转"效果也可以利用蒙版设置翻转的区域，如图6-4所示。

图6-3                                                                                                    图6-4

## 6.1.3 羽化边缘

选中"羽化边缘"效果，将其拖曳到剪辑上，剪辑的边缘就会出现羽化效果，其"效果控件"面板如图6-5所示。

图6-5

在"效果控件"面板中可以选择蒙版类型或绘制需要羽化的区域,也可以通过设置"数量"来控制羽化的大小。图6-6所示是"数量"为20和90的对比效果。

图6-6

# 6.1.4 裁剪

选中"裁剪"效果,将其拖曳到剪辑上,就可以通过参数来调整裁剪区域的大小。图6-7所示是"裁剪"效果的"效果控件"面板,可以设置裁剪区域、4个方向的裁剪比例和羽化边缘的大小。

**重要参数介绍**

**左侧/顶部/右侧/底部:**设置各个方向裁剪的大小。图6-8所示为裁剪前后的对比效果。

图6-7

图6-8

**缩放:**勾选该选项,会根据剪辑大小自动将裁剪后的剪辑平铺在整个剪辑上,如图6-9所示。

**羽化边缘:**对裁剪的剪辑边缘进行羽化处理,如图6-10所示。

图6-9

图6-10

# 6.2 扭曲类视频效果

扭曲类视频效果较多,包括偏移、变换和放大等,可以让视频产生各种形式的变化。

**本节重点内容**

| 重点内容 | 说明 | 重要程度 |
|---|---|---|
| Lens Distortion | 使画面的四角产生透镜畸变 | 中 |
| 偏移 | 水平或垂直移动 | 中 |
| 变换 | 调整位置、大小、角度和不透明度 | 高 |
| 放大 | 局部放大 | 中 |
| 旋转扭曲 | 画面局部旋转扭曲 | 中 |
| 波形变形 | 水波纹效果 | 中 |
| 湍流置换 | 扭曲变形 | 高 |
| 球面化 | 球形放大镜效果 | 中 |
| 边角定位 | 确定边角 | 中 |
| 镜像 | 对称翻转效果 | 高 |

# 6.2.1 Lens Distortion

Lens Distortion（镜头畸变）效果能让画面产生类似镜头畸变的变形，如图6-11所示。在"效果控件"面板中可以设置不同的变形效果，如图6-12所示。

变形前

变形后

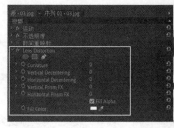

图6-11

图6-12

**重要参数介绍**

**Curvature（曲率）：** 控制画面的变形程度，正值和负值会产生不同的变形效果，如图6-13所示。

Curvature：30

Curvature：−30

图6-13

**Vertical Decentering（垂直偏移）：** 设置变形中心在垂直方向上的位移，如图6-14所示。

Vertical Decentering：50

Vertical Decentering：−50

图6-14

**Horizontal Decentering（水平偏移）：** 设置变形中心在水平方向上的位移，如图6-15所示。

Horizontal Decentering：50

Horizontal Decentering：−50

图6-15

**Fill Alpha（填充Alpha）：** 默认勾选该选项，当画面发生变形后会用颜色填充空出来的背景。

**Fill Color（填充颜色）：** 设置填充的颜色，默认为白色。

# 6.2.2 偏移

"偏移"效果可以让剪辑产生水平或垂直方向的移动，剪辑中空缺的像素会自动补充。添加"偏移"效果后剪辑不会有任何改变，必须在"效果控件"面板中进行设置才会发生改变，如图6-16所示。

图6-16

**重要参数介绍**

**将中心移位至：** 通过调整数值来改变剪辑的中心位置。图6-17所示为调整前后的对比效果。

**与原始图像混合：** 将调整后的效果与原图进行混合处理，如图6-18所示。

图6-17

图6-18

# 6.2.3 变换

"变换"效果可以对剪辑的位置、大小、角度和不透明度等进行调整。在"效果控件"面板中可以设置剪辑的位置、缩放和倾斜等效果，如图6-19所示。

**重要参数介绍**

**锚点：** 调整剪辑中心点的位置。

**位置：** 设置剪辑的位置，如图6-20所示。

**等比缩放：** 勾选该选项，调整"缩放"属性的参数，剪辑会按照序列的比例进行放大或缩小，如图6-21所示。

**倾斜：** 设置剪辑的倾斜角度，如图6-22所示。

图6-19

  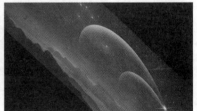

图6-20　　　　　　　　　　　图6-21　　　　　　　　　　　图6-22

**不透明度：** 设置剪辑的不透明度。

**快门角度：** 控制视频的运动模糊效果，可输入0～255之间的数值，数值越小，模糊效果越明显。

# 6.2.4 放大

"放大"效果可以在剪辑上形成局部放大的效果。在"效果控件"面板中可以设置局部放大的相关参数，如图6-23所示。

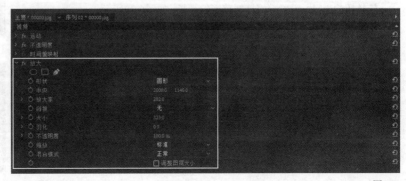

图6-23

**重要参数介绍**

**形状:** 以圆形或正方形的形式进行局部放大,如图6-24所示。

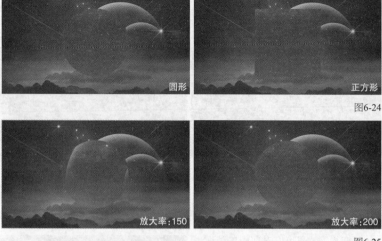

图6-24

**中央:** 设置放大区域的位置。

**放大率:** 设置放大的倍数,如图6-25所示。

图6-25

**链接:** 设置放大区域与放大倍数的关系。

**大小:** 设置放大区域的大小,如图6-26所示。

**羽化:** 设置放大区域边缘的模糊程度,如图6-27所示。

**不透明度:** 设置放大区域的不透明度。

**缩放:** 控制放大的类型,包含"标准""柔和""扩散"3种。

**混合模式:** 将放大区域与原有剪辑进行混合。

图6-26

图6-27

# 6.2.5 旋转扭曲

"旋转扭曲"效果以轴点为中心,可使剪辑产生旋转并扭曲的变化效果。在"效果控件"面板中可以设置旋转扭曲的中心和半径,如图6-28所示。

**重要参数介绍**

**角度:** 设置剪辑的旋转角度。

**旋转扭曲半径:** 设置剪辑旋转范围的半径,如图6-29所示。

**旋转扭曲中心:** 设置剪辑旋转中心的位置。默认在画面的中心,将其设置到偏右位置,效果如图6-30所示。

图6-28

图6-29

图6-30

## 6.2.6 波形变形

"波形变形"效果可使剪辑产生类似水波纹的波浪形状。在"效果控件"面板中可以设置波纹的各种属性,如图6-31所示。

**重要参数介绍**

**波形类型:**在下拉列表中可以选择不同类型的波形,效果如图6-32所示。

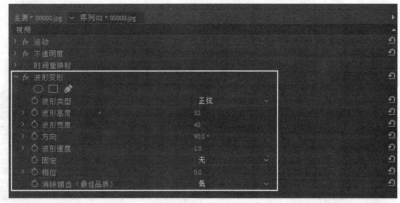

图6-31

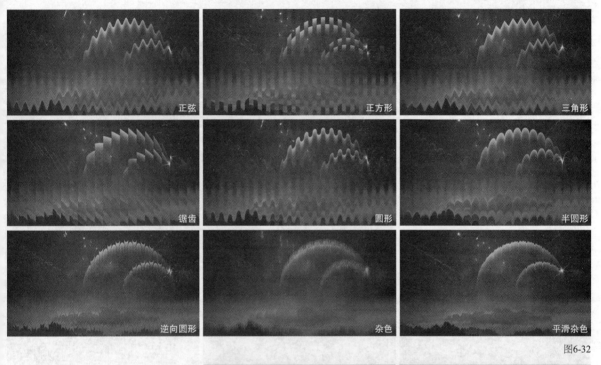

正弦　正方形　三角形

锯齿　圆形　半圆形

逆向圆形　杂色　平滑杂色

图6-32

**波形高度:**设置波纹的高度。数值越大,波纹越高,如图6-33所示。

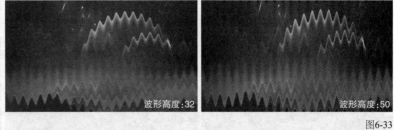

波形高度:32　波形高度:50

图6-33

**波形宽度:**设置波纹的宽度。数值越大,波纹越宽,如图6-34所示。

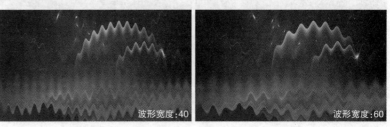

波形宽度:40　波形宽度:60

图6-34

**方向:** 设置波形的方向,如图6-35所示。

**波形速度:** 设置波形产生的速度快慢。

**固定:** 在下拉列表中可以设置目标固定的类型,如图6-36所示。

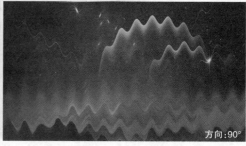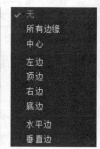

图6-35          图6-36

**相位:** 设置波形的水平移动位置。

## 6.2.7 湍流置换

"湍流置换"效果会让剪辑产生扭曲变形的效果。在"效果控件"面板中可以设置湍流置换的相关参数,如图6-37所示。

**重要参数介绍**

**置换:** 在下拉列表中可以设置不同的置换方式,效果如图6-38所示。

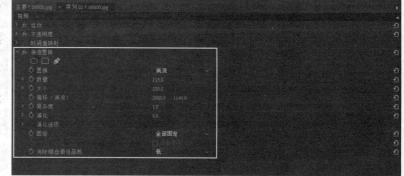

图6-37

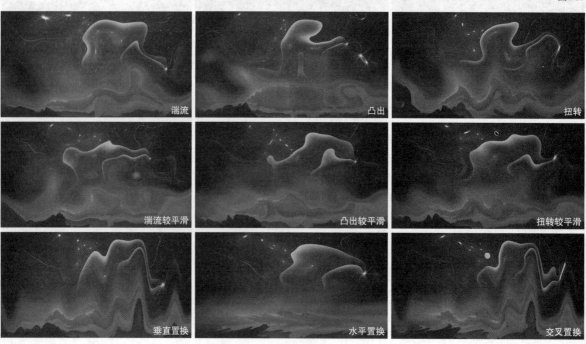

图6-38

**数量：** 设置剪辑的变形程度，如图6-39所示。

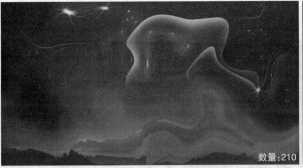 

图6-39

**大小：** 设置剪辑的扭曲幅度，如图6-40所示。

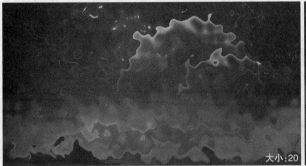 

图6-40

**偏移（湍流）：** 设置扭曲的坐标。
**复杂度：** 设置剪辑变形的复杂程度，如图6-41所示。

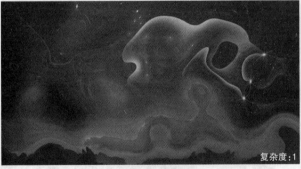 

图6-41

# 6.2.8 球面化

　　"球面化"效果可以让剪辑产生类似放大镜的球形效果。在"效果控件"面板中可以设置"球面化"的相关参数，如图6-42所示。

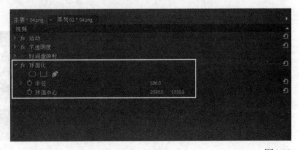

图6-42

**重要参数介绍**

　　**半径：**设置球面的半径。

　　**球面中心：**设置球面的水平位移，如图6-43所示。

图6-43

# 6.2.9　边角定位

　　"边角定位"效果通过设置剪辑4个边角位置的参数，从而调整剪辑的位置。在"效果控件"面板中可以设置"左上""右上""左下""右下"的参数，从而控制4个边角的位置，如图6-44所示。效果如图6-45所示。

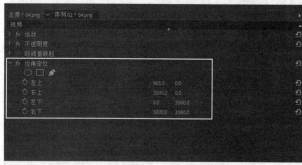

图6-44　　　　　　　　　　　　　　　　　　　　图6-45

# 6.2.10　镜像

　　"镜像"效果可以制作剪辑的对称翻转效果。在"效果控件"面板中可以设置镜像的位置和角度，如图6-46所示。

**重要参数介绍**

　　**反射中心：**设置镜面反射的中心位置，如图6-47所示。

　　**反射角度：**设置镜面反射的角度，如图6-48所示。

图6-46

图6-47　　　　　　　　　　　　　　　　　　　　图6-48

▣ 课堂案例

## 拉镜过渡视频

案例文件　案例文件>CH06>课堂案例：拉镜过渡视频
视频名称　课堂案例：拉镜过渡视频.mp4
学习目标　掌握变换和镜像效果的使用方法

无缝拉镜效果是网络上常见的一种短视频转场效果。"变换"和"镜像"两种效果的组合，可以制作出无缝拉镜转场效果，如图6-49所示。

图6-49

① 双击"项目"面板的空白区域，在弹出的"导入"对话框中选择本书学习资源"案例文件>CH06>课堂案例：拉镜过渡视频"文件夹中的素材文件并导入，如图6-50所示。

② 选中01.jpg素材文件，将其拖曳到"时间线"面板中，生成序列，如图6-51所示。效果如图6-52所示。

图6-50　　　　　　　　　　　　　　图6-51　　　　　　　　　　　　　　图6-52

▣ 技巧与提示

为了方便后续制作，建议读者在导入自己的素材前，将它们处理为相同的尺寸大小。

③ 在"效果"面板中选中"变换"效果，将其添加到剪辑上，如图6-53所示。

④ 在"变换"中设置"缩放"为50，如图6-54所示。效果如图6-55所示。

图6-53　　　　　　　　　　　　　　图6-54　　　　　　　　　　　　　　图6-55

⑤ 在"效果"面板中选中"镜像"效果，将其依次添加4次到剪辑上，如图6-56所示。

⑥ 在第1个"镜像"效果中调整"反射中心"的值，使镜像的图像出现在画面右侧，与原图相接且不留缝隙，如图6-57所示。

图6-56　　　　　　　　　　　　　　　　　　　　　　图6-57

⑦ 在第2个"镜像"效果中调整"反射中心"的值，设置"反射角度"为180°，使镜像的图像出现在画面左侧，与原图相接且不留缝隙，如图6-58所示。

**08** 在第3个"镜像"效果中调整"反射中心"的值，设置"反射角度"为90°，使镜像的图像出现在画面下方，与原图相接且不留缝隙，如图6-59所示。

图6-58　　　　　　　　　　　　　　　　　　　　　　　　　　　　　图6-59

**09** 在第4个"镜像"效果中调整"反射中心"的值，设置"反射角度"为-90°，使镜像的图像出现在画面上方，与原图相接且不留缝隙，如图6-60所示。

**10** 再次选中"变换"效果，将其添加到剪辑上，使其处于"效果控件"面板最下方，如图6-61所示。

图6-60　　　　　　　　　　　　　　　　　　图6-61

**11** 在"运动"卷展栏中设置"缩放"为200，如图6-62所示。此时图片恢复为原始大小，效果如图6-63所示。

图6-62　　　　　　　　　　　　　　图6-63

📝 技巧与提示

　　通过上面步骤的设置，读者可以发现"拉镜"效果的参数非常多，且比较复杂。如果每次添加"拉镜"效果都要设置一次参数，就会非常麻烦，也会大大降低剪辑的效率。下面讲解一下如何保存效果预设。

　　**第1步：**按住Ctrl键，从上到下依次选中下方的两个"变换"及4个"镜像"效果，如图6-64所示。读者需要注意，这里必须按照顺序从上到下选择，如果更改了顺序或是间隔选择，后期调用"拉镜"效果时会出问题。

　　**第2步：**单击鼠标右键，在弹出的菜单中选择"保存预设"选项，如图6-65所示。

　　**第3步：**在弹出的"保存预设"对话框中设置"名称"为"拉镜"，如图6-66所示。单击"确定"按钮 确定 即可保存预设。

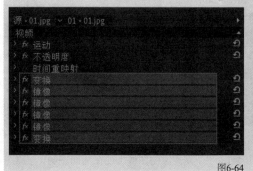
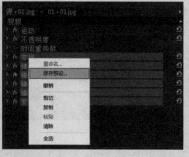

图6-64　　　　　　　　　　　　　图6-65　　　　　　　　　　　　　图6-66

12 将01.jpg剪辑缩短至3秒，如图6-67所示。

13 在剪辑起始位置，展开最下方的“变换”效果卷展栏，为“位置”和“缩放”两个参数添加关键帧，如图6-68所示。

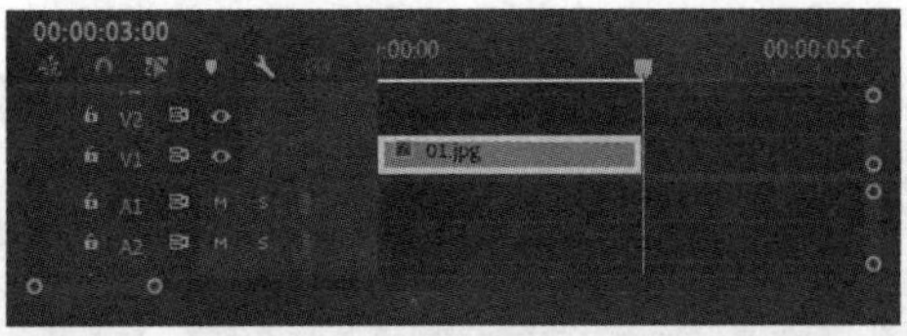

图6-67

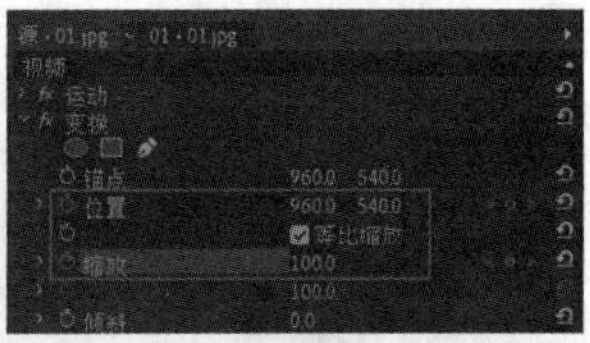

图6-68

14 移动播放指示器到剪辑的末尾位置，向右移动画面，并将画面放大一些，如图6-69所示。

15 选中“位置”和“缩放”的所有关键帧，单击鼠标右键，在弹出的菜单中选择“临时插值 > 缓入”和“临时插值 > 缓出”选项，如图6-70所示。

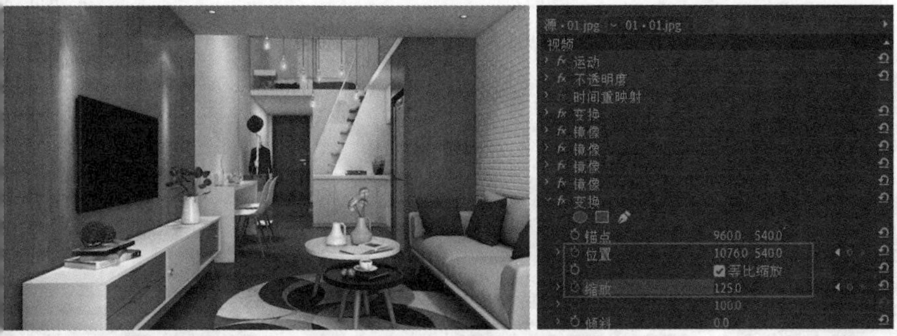

图6-69

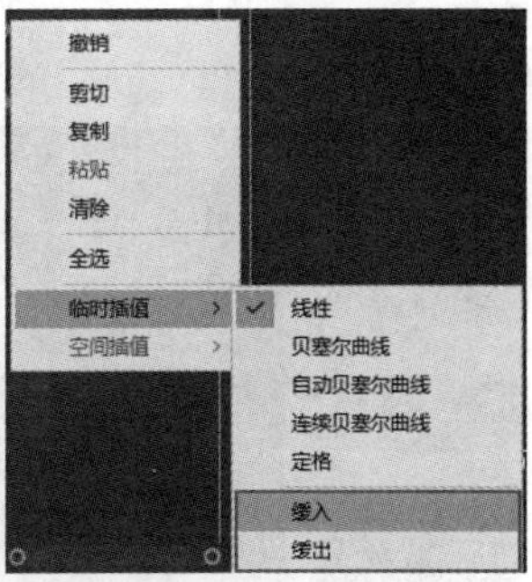


图6-70

**技巧与提示**

“位置”和“缩放”的参数仅供参考，读者可以基于提供的参数进行调整。

16 展开“位置”和“缩放”选项的速度曲线，将其调整为图6-71所示的效果，这样就能形成加速的效果。

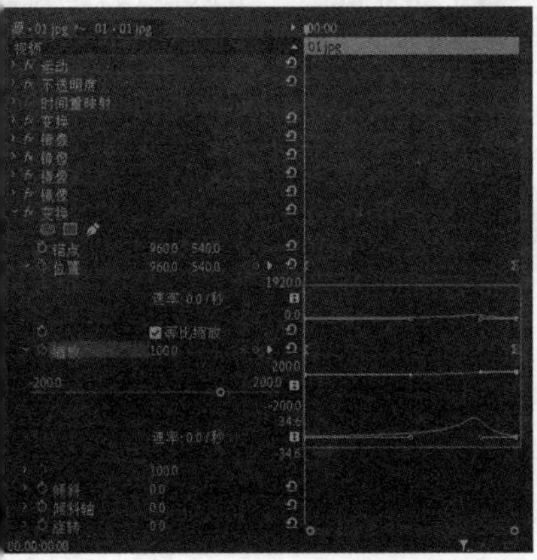

图6-71

17 选中02.jpg素材文件，将其添加到01.jpg剪辑的末尾，并将其整体长度调整为3秒，如图6-72所示。效果如图6-73所示。

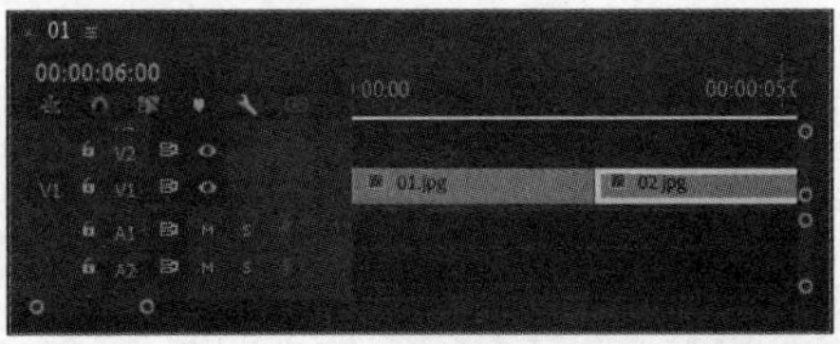

图6-72

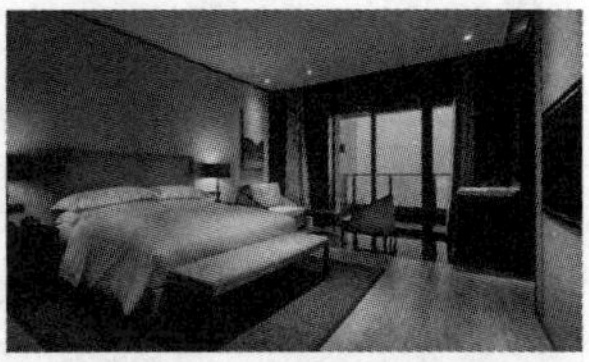

图6-73

18 在“效果”面板中搜索“拉镜”，可以在下方看到之前保存的“拉镜”效果，如图6-74所示。

19 将“拉镜”效果添加到02.jpg剪辑上，设置“缩放”为200，就可以显示原始的图片效果，如图6-75所示。

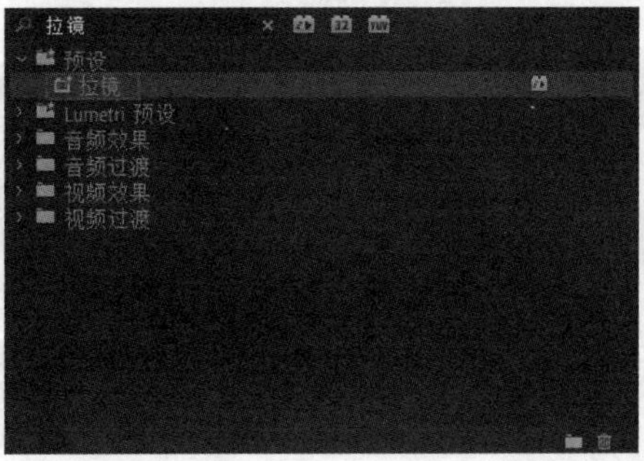


图6-74

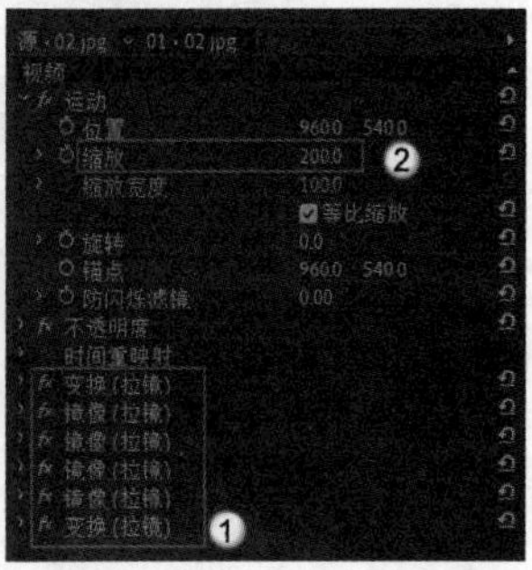

图6-75

⑳ 在02.jpg剪辑的末尾位置添加最下方"变换"效果的"位置"和"缩放"关键帧，使其保持原位不变，如图6-76所示。

㉑ 在剪辑的起始位置，将图片向右移动并放大，如图6-77所示，这样就能与上一个剪辑的末尾衔接。效果如图6-78所示。

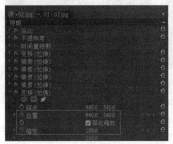 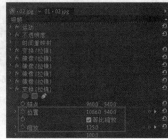 

图6-76　　　　　　　　　　图6-77　　　　　　　　　　　　　　图6-78

㉒ 调整"位置"和"缩放"的速度曲线，效果如图6-79所示。这样就能形成减速的运动效果。

㉓ 按Space键预览动画，案例最终效果如图6-80所示。

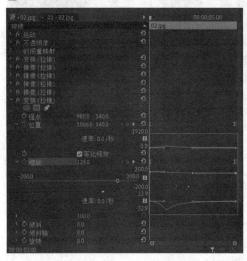

图6-79

图6-80

# 6.3 时间类视频效果

时间类视频效果中包含"残影"和"色调分离时间"两种类型。

**本节重点内容**

| 重点内容 | 说明 | 重要程度 |
| --- | --- | --- |
| 残影 | 混合帧的像素 | 中 |
| 色调分离时间 | 使画面在播放时产生抽帧现象 | 中 |

## 6.3.1 残影

"残影"效果可对画面中不同帧像素进行混合处理。在"效果控件"面板中可以设置残影的相关属性，如图6-81所示。

图6-81

**重要参数介绍**

**残影时间（秒）：** 设置图像的曝光程度，以秒为单位，如图6-82所示。

残影时间（秒）：-0.033　　　　残影时间（秒）：-0.3

图6-82

**残影数量：** 设置图像中的残影数量。残影数量越大，图像曝光就会越强，如图6-83所示。

**起始强度：** 调整画面的明暗度，如图6-84所示。

残影数量：1　　　　残影数量：2　　　　起始强度：1　　　　起始强度：0.5

图6-83　　　　　　　　　　　　　　　　　　图6-84

**衰减：** 设置画面线性衰减的效果。

**残影运算符：** 在下拉列表中可以选择残影的运算方式，如图6-85所示。

相加　　　　　最大值　　　　　最小值　　　　　滤色

从后至前组合　　　　　从前至后组合　　　　　混合

图6-85

# 6.3.2 色调分离时间

"色调分离时间"效果在旧版本中叫作"抽帧时间"，可以使画面在播放时产生抽帧现象。在"效果控件"面板中设置"帧速率"可以控制每秒显示的静帧格数，如图6-86所示。

图6-86

# 6.4 模糊与锐化类视频效果

模糊与锐化类视频效果可以让剪辑画面变得模糊或变得锐利。

**本节重点内容**

| 重点内容 | 说明 | 重要程度 |
|---|---|---|
| Camera Blur | 实现拍摄过程中的虚焦效果 | 中 |
| 方向模糊 | 根据角度和长度生成模糊效果 | 中 |
| 钝化蒙版 | 调整剪辑画面的锐化和对比度 | 中 |
| 锐化 | 快速让模糊的画面变得清晰 | 中 |
| 高斯模糊 | 让画面既模糊又平滑 | 高 |

## 6.4.1 Camera Blur

Camera Blur(摄像机模糊)效果可以实现拍摄过程中的虚焦效果。在"效果控件"面板中,可以通过设置Percent Blur (百分比模糊)的值来控制画面的模糊程度,如图6-87所示。效果如图6-88所示。

> 📝 **技巧与提示**
> Percent Blur的值越大,剪辑画面的模糊效果就会越明显。

图6-87

图6-88

## 6.4.2 方向模糊

"方向模糊"效果可以根据角度和长度对画面进行模糊处理。在"效果控件"面板中可以设置方向和模糊长度的值,如图6-89所示。

图6-89

**重要参数介绍**

**方向:** 设置剪辑画面的模糊方向,如图6-90所示。

**模糊长度:** 设置模糊的像素距离。数值越大,模糊效果越明显。

方向:180°

方向:60°

图6-90

## 6.4.3 钝化蒙版

"钝化蒙版"效果可以同时调整剪辑画面的锐化程度和对比度。在"效果控件"面板中可以设置相关参数,如图6-91所示。

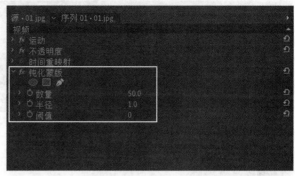

图6-91

**重要参数介绍**

**数量:** 设置画面的锐化程度。数值越大,锐化效果越明显。

**半径:** 设置画面的曝光半径,如图6-92所示。

**阈值:** 设置模糊的容差,如图6-93所示。

图6-92

图6-93

## 6.4.4 锐化

"锐化"效果可以快速让模糊的画面变得清晰。在"效果控件"面板中设置"锐化量"的值就可以控制画面锐化的程度,如图6-94所示。效果如图6-95所示。

图6-94

图6-95

## 6.4.5 高斯模糊

"高斯模糊"效果可以让画面既模糊又平滑。在"效果控件"面板中可以设置模糊的相关参数,如图6-96所示。

**重要参数介绍**

**模糊度:** 控制画面中"高斯模糊"效果的强度,如图6-97所示。

图6-96

图6-97

**模糊尺寸：**包含"水平"、"垂直"及"水平和垂直"3种模糊方式，如图6-98所示。

**重复边缘像素：**勾选该选项，可以对画面边缘进行像素模糊处理。

水平　　　　　　　　　　垂直　　　　　　　　　水平和垂直

图6-98

🖰 课堂案例

## 模糊发光字

| | |
|---|---|
| 案例文件 | 案例文件>CH06>课堂案例：模糊发光字 |
| 视频名称 | 课堂案例：模糊发光字.mp4 |
| 学习目标 | 掌握"高斯模糊"效果的使用方法 |

本案例需要为背景图片和艺术字添加"高斯模糊"，形成发光字效果，如图6-99所示。

**01** 双击"项目"面板的空白区域，在弹出的"导入"对话框中选择本书学习资源"案例文件>CH06>课堂案例：模糊发光字"文件夹中的所有素材并导入，如图6-100所示。

图6-99　　　　　　　　　　　　　　　　　　　图6-100

**02** 新建一个AVCHD 1080p 25序列，将素材都拖曳到轨道上，确保"背景.png"素材在"艺术字.jpg"素材下方的轨道上，如图6-101所示。效果如图6-102所示。

**03** 选择"背景.png"剪辑，在"效果控件"面板中设置"缩放"为145，让背景剪辑在画面中保持合适的大小，如图6-103所示。

图6-101

图6-102　　　　　　　　　　　　　　　　图6-103

**04** 在"效果"面板中选中"高斯模糊"效果，按住鼠标左键将其拖曳到"背景.png"剪辑上，在"效果控件"面板中设置"模糊度"为10，如图6-104所示。效果如图6-105所示。

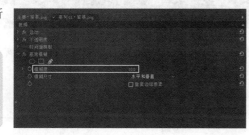

> **技巧与提示**
>
> 在对背景进行模糊处理后，可以使主题文字更加突出。

图6-104　　　　　　　　　　　　　　　　　图6-105

**05** 按住Alt键，将"艺术字.jpg"剪辑向上复制两份，如图6-106所示。

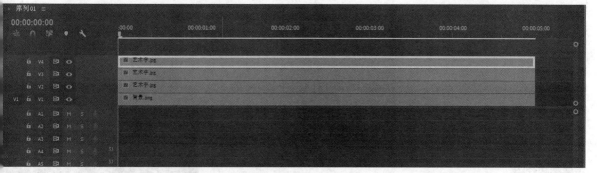

图6-106

**06** 选择V2轨道的剪辑，为其添加"高斯模糊"效果，设置"缩放"为110、"模糊度"为80，如图6-107所示。效果如图6-108所示。

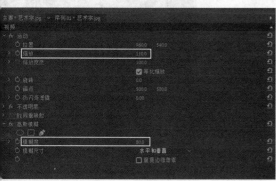

图6-107　　　　　　　　　　　　　　　　　图6-108

**07** 选择V3轨道的剪辑，为其添加"高斯模糊"效果，设置"模糊度"为50，如图6-109所示。效果如图6-110所示。至此，本案例制作完成。

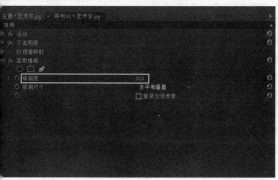

图6-109　　　　　　　　　　　　　　　　　图6-110

# 6.5 生成类视频效果

生成类视频效果中有4种视频效果，可以形成不同的变化类型。相比于旧版本中的12种视频效果，新版本进行了一定程度的简化。在过时类视频效果中，仍然可以找到旧版本中的视频效果。

**本节重点内容**

| 重点内容 | 说明 | 重要程度 |
|---|---|---|
| 四色渐变 | 添加4种颜色的渐变 | 高 |
| 渐变 | 叠加线性渐变或径向渐变 | 中 |
| 镜头光晕 | 模拟拍摄时所遇到的强光所产生的光晕效果 | 高 |
| 闪电 | 模拟天空中的闪电形态 | 中 |

## 6.5.1 四色渐变

"四色渐变"效果是在原有剪辑的基础上添加4种颜色的渐变。在"效果控件"面板中可以设置四色渐变的相关参数，如图6-111所示。

图6-11

**重要参数介绍**

**点1/点2/点3/点4：** 设置渐变颜色的坐标。

**颜色1/颜色2/颜色3/颜色4：** 设置4种渐变颜色。

**混合：** 设置渐变颜色在画面中的明度，如图6-112所示。

**抖动：** 设置颜色变化的流量。

**不透明度：** 设置渐变颜色的不透明度。

**混合模式：** 在下拉列表中可以选择不同的混合模式，如图6-113所示。

混合:5　　混合:300

图6-112

滤色　　色相

图6-113

## 6.5.2 渐变

"渐变"效果是在剪辑画面上叠加线性渐变或径向渐变。在"效果控件"面板中可以设置渐变的相关参数，如图6-114所示。

图6-11

**重要参数介绍**

**渐变起点/渐变终点：** 设置渐变的起始和结束位置。

**起始颜色/结束颜色：** 设置渐变起始位置/结束位置的颜色。

**渐变形状：** 设置渐变的类型。有"线性渐变"和"径向渐变"两种类型，如图6-115所示。

**渐变扩散：** 设置画面中渐变的扩散程度。

**与原始图像混合：** 设置渐变图层与原始图层的混合程度，如图6-116所示。

线性渐变　　径向渐变

图6-115

图6-116

# 6.5.3 镜头光晕

"镜头光晕"效果可在剪辑画面上模拟拍摄时所遇到的强光所产生的光晕效果。在"效果控件"面板中可以设置镜头光晕的相关参数，如图6-117所示。

**重要参数介绍**

　　**光晕中心：**设置光晕中心所在的位置。

　　**光晕亮度：**设置镜头光晕的范围及亮度，如图6-118所示。

图6-117

光晕亮度:70%　　光晕亮度:185%

图6-118

　　**镜头类型：**在下拉列表中选择不同的镜头类型，会形成不同的光晕效果，如图6-119所示。

50-300毫米变焦　　35毫米定焦　　105毫米定焦

图6-119

　　**与原始图像混合：**设置光晕与剪辑画面的混合程度。

> 📝 **技巧与提示**
>
> "镜头光晕"效果与Photoshop中的"镜头光晕"滤镜原理一致。

# 6.5.4 闪电

"闪电"效果可用来模拟天空中闪电的形态。在"效果控件"面板中可以设置闪电的相关参数，如图6-120所示。

图6-120

## 重要参数介绍

**起始点/结束点:** 设置闪电的起始位置和结束位置。

**分段:** 设置闪电主干上的段数分支,如图6-121所示。

图6-121

**振幅:** 设置闪电的扩张范围。

**细节级别:** 设置闪电的粗细和曝光度。

**细节振幅:** 设置闪电在分支上的弯曲程度。

**分支:** 设置主干上的分支,如图6-122所示。

**再分支:** 相较于"分支","再分支"更加精细,可继续设置分支数量。

图6-122

**固定端点:** 勾选此选项后,闪电的起始和结束位置会固定在画面的某个坐标上,如果不勾选,画面中则会呈现摇摆不定的效果。

**宽度:** 设置闪电的整体宽度。

**外部颜色/内部颜色:** 设置闪电边缘和内部填充的颜色。

**拉力:** 设置闪电分支的延展程度。

**模拟:** 勾选"在每一帧处重新运行"选项后,可以改变闪电的变换形态。

课堂案例

## 四色唯美色调

| 案例文件 | 案例文件>CH06>课堂案例:四色唯美色调 |
|---|---|
| 视频名称 | 课堂案例:四色唯美色调.mp4 |
| 学习目标 | 掌握"四色渐变"效果和"镜头光晕"效果的使用方法 |

本案例使用"四色渐变"效果为视频添加唯美色调,运用"镜头光晕"效果为画面添加亮点,效果如图6-123所示。

**01** 双击"项目"面板的空白区域,在弹出的"导入"对话框中选择本书学习资源"案例文件>CH06>课堂案例:四色唯美色调"文件夹中的所有素材并导入,如图6-124所示。

图6-123

图6-124

**02** 新建一个AVCHD 1080p25序列,将素材拖曳到轨道上,如图6-125所示。效果如图6-126所示。

图6-125

图6-126

⓷ 在"效果"面板中选择"四色渐变"效果，将其拖曳到剪辑上，如图6-127所示。

⓸ 在"效果控件"面板中设置"颜色1"为青色、"颜色2"为黄色、"颜色3"为蓝色、"颜色4"为橙色，如图6-128所示。效果如图6-129所示。

图6-127　　　　　　　　　图6-128　　　　　　　　　图6-129

> 📝 技巧与提示
>
> 　渐变的颜色仅供参考，读者可自行发挥。

⓹ 在"效果控件"面板中设置"不透明度"为60%、"混合模式"为"叠加"，如图6-130所示。效果如图6-131所示。

图6-130　　　　　　　　　图6-131

⓺ 在"效果"面板中选择"镜头光晕"效果，将其拖曳到剪辑上，在"效果控件"面板中设置"光晕中心"为（8099.3，561.8）、"光晕亮度"为120%，如图6-132所示。案例最终效果如图6-133所示。

图6-132　　　　　　　　　图6-133

# 6.6　视频类视频效果

　视频类视频效果可以对剪辑画面做一些简单的调整，如添加文字或时间码等信息。

**本节重点内容**

| 重点内容 | 说明 | 重要程度 |
| --- | --- | --- |
| SDR遵从情况 | 调整剪辑的亮度、对比度和软阈值 | 中 |
| 剪辑名称 | 在剪辑画面上显示剪辑的名称 | 高 |
| 时间码 | 在剪辑画面上显示时间编码 | 高 |
| 简单文本 | 在剪辑画面上进行简单的文字编辑 | 中 |

## 6.6.1　SDR遵从情况

　"SDR遵从情况"效果可以调整剪辑的亮度、对比度和软阈值，其"效果控件"面板如图6-134所示。

图6-134

**重要参数介绍**

　　**亮度：** 调整画面的亮度，如图6-135所示。

　　**对比度：** 调整画面的对比度，如图6-136所示。

图6-135　　　　　　　　　　　　　　　　　　　　　　　　　　　　　　图6-136

　　**软阈值：** 调整画面的明暗。

## 6.6.2　剪辑名称

　　"剪辑名称"效果会在剪辑画面上显示剪辑的名称。在"效果控件"面板中可以设置剪辑名称的相关属性，如图6-137所示。

**重要参数介绍**

　　**位置：** 调整剪辑名称的位置。

　　**对齐方式：** 在下拉列表中可以选择"左"、"中"或"右"。

　　**大小：** 设置文字的大小。

　　**不透明度：** 设置黑色矩形框的不透明度，如图6-138所示。

图6-137　　　　　　　　　　　　　　　　　　　　　　　　　　　　　　图6-138

　　**显示：** 可以选择"序列剪辑名称"、"项目剪辑名称"或"文件名称"。

　　**源轨道：** 设置显示名称在各个轨道中的针对性。

## 6.6.3　时间码

　　"时间码"效果会在剪辑画面上显示时间编码。在"效果控件"面板中可以设置时间码的相关属性，如图6-139所示。

**重要参数介绍**

　　**位置：** 设置时间码在画面中显示的位置。

　　**大小：** 设置时间码在画面中显示的大小。

　　**场符号：** 勾选该选项后，会在数字右侧显示椭圆图标。

　　**格式：** 设置时间码的显示格式，如图6-140所示。

图6-139

图6-140

**时间码源:** 设置时间码的初始状态。

**时间显示:** 可在下拉列表中选择显示制式,如图6-141所示。

图6-141

## 6.6.4 简单文本

"简单文本"效果可在剪辑画面上进行简单的文字编辑。在"效果控件"面板中可以设置文本的相关信息,如图6-142所示。

**重要参数介绍**

**编辑文本:** 单击该按钮,在弹出的对话框中可以输入需要的文字内容,如图6-143所示。

**位置:** 设置文本框的坐标位置。

**对齐方式:** 设置文字的对齐方式,包括"左""中""右"3种方式。

**大小:** 调整文字的大小。

**不透明度:** 设置文本框的不透明度。

图6-142

图6-143

# 6.7 调整类视频效果

调整类视频效果可以对剪辑画面进行亮度、对比度和颜色等效果的调整。

**本节重点内容**

| 重点内容 | 说明 | 重要程度 |
|---|---|---|
| Extract | 将彩色的剪辑画面转换为黑白效果 | 中 |
| Levels | 调整画面中的明暗层次关系 | 高 |
| ProcAmp | 调整亮度、对比度、色相和饱和度 | 中 |
| 光照效果 | 模拟灯光照射在物体上的效果 | 中 |

## 6.7.1 Extract

"Extract"(提取)效果可将彩色的剪辑画面转换为黑白效果。在"效果控件"面板中可以通过调整黑白色阶来调整画面,如图6-144所示。

**重要参数介绍**

**Black Input Level(输入黑色阶)/White Input Level(输入白色阶):** 控制画面中的黑色和白色部分,对比效果如图6-145所示。

**Softness(柔和度):** 控制画面中灰色的数量。

图6-144

图6-145

# 6.7.2 Levels

Levels（色阶）效果可调整画面中的明暗层次关系。在"效果控件"面板中可以通过参数控制整体或通道的色阶，如图6-146所示。对比效果如图6-147所示。

图6-146

**重要参数介绍**

**Black Input Level（输入黑色阶）：** 控制画面中黑色部分的比例。

**White Input Level（输入白色阶）：** 控制画面中白色部分的比例。

**Black Output Level（输出黑色阶）：** 控制画面中黑色部分的明暗。

**White Output Level（输出白色阶）：** 控制画面中白色部分的明暗。

**Gamma（灰度系数）：** 控制画面的灰度值。

图6-147

> 📝 **技巧与提示**
>
> 参数前的括号表明所对应的通道。其中（RGB）代表整体画面，（R）代表红通道，（G）代表绿通道，（B）代表蓝通道。

# 6.7.3 ProcAmp

ProcAmp效果可以调整剪辑画面的亮度、对比度、色相和饱和度等信息。在"效果控件"面板中即可调整相关参数，如图6-148所示。

**重要参数介绍**

**亮度：** 调整画面整体的亮度，如图6-149所示。

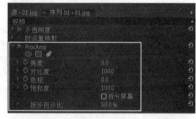

图6-148

图6-149

**对比度：** 调整画面整体的对比度。

**色相：** 调整画面整体的颜色倾向，如图6-150所示。

**拆分屏幕：** 勾选该选项后，可以同时看到调整前与调整后的效果，如图6-151所示。

**拆分百分比：** 调整拆分屏幕的画面比例。

图6-150

图6-151

## 6.7.4 光照效果

"光照效果"可以模拟灯光照射在物体上的效果。在"效果控件"面板中可以调整灯光的相关参数,如图6-152所示。

**重要参数介绍**

**光照1/光照2/光照3/光照4/光照5:**可以为剪辑画面添加灯光效果,如图6-153所示。

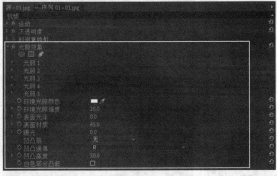

图6-152                         图6-153

**环境光照强度:**控制周围环境光的强度。

**表面光泽:**设置光源的明暗程度。

**表面材质:**设置图像表面的材质效果。

**曝光:**控制灯光的曝光效果。

# 6.8 过渡类视频效果

过渡类视频效果中包含"块溶解""渐变擦除"和"线性擦除"等5种效果。在实际制作中运用得较多,需要重点掌握。

**本节重点内容**

| 重点内容 | 说明 | 重要程度 |
|---|---|---|
| 块溶解 | 让画面逐渐显示或逐渐消失 | 高 |
| 渐变擦除 | 类似色阶梯度渐变逐渐显示或消失 | 中 |
| 线性擦除 | 以线性的方式显示或擦除画面 | 高 |

## 6.8.1 块溶解

"块溶解"效果可以让画面逐渐显示或逐渐消失。在"效果控件"面板中可以通过参数控制溶解的效果,如图6-154所示。

**重要参数介绍**

**过渡完成:**设置素材的溶解度,如图6-155所示。

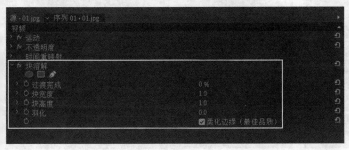

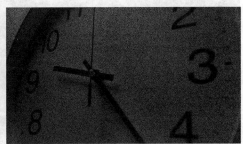

图6-154                         图6-155

**块宽度/块高度：** 设置溶解块的宽度和高度，如图6-156所示。

**羽化：** 设置块像素的边缘羽化效果。

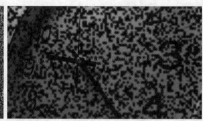

图6-156

## 6.8.2 渐变擦除

"渐变擦除"效果可以制作出类似色阶梯度渐变的效果。在"效果控件"面板中可以设置渐变的参数，如图6-157所示。

**重要参数介绍**

**过渡完成：** 设置画面中梯度渐变的数量，如图6-158所示。

图6-157　　　　　　　　　图6-158

**过渡柔和度：** 调整渐变边缘的柔和度。

**渐变图层：** 设置渐变擦除的轨道。

**渐变放置：** 设置渐变的平铺方式，包含"平铺渐变"、"中心渐变"和"伸缩渐变以适合"3种方式。

**反向渐变：** 勾选该选项后，会将渐变效果反向。

## 6.8.3 线性擦除

"线性擦除"效果以线性的方式擦除画面。在"效果控件"面板中可以设置线性擦除的相关参数，如图6-159所示。

**重要参数介绍**

**过渡完成：** 设置画面擦除的大小，如图6-160所示。

图6-159　　　　　　　　　图6-160

**擦除角度：** 设置线性擦除的角度，如图6-161所示。

**羽化：** 设置擦除边缘的模糊效果。

擦除角度：90°　　　　　　　　擦除角度：60°

图6-161

■ 课堂案例

# 创意擦除片头

| 案例文件 | 案例文件>CH06>课堂案例：创意擦除片头 |
| --- | --- |
| 视频名称 | 课堂案例：创意擦除片头.mp4 |
| 学习目标 | 掌握"线性擦除"效果的使用方法 |

本案例使用"线性擦除"效果制作一个创意片头，如图6-162所示。

图6-162

**01** 双击"项目"面板的空白区域，在弹出的"导入"对话框中选择本书学习资源"案例文件>CH06>课堂案例：创意擦除片头"文件夹中的所有素材并导入，如图6-163所示。

**02** 新建一个AVCHD 1080p25序列，将素材拖曳到轨道上，如图6-164所示。效果如图6-165所示。

图6-163

图6-164

图6-165

**03** 在"效果"面板中搜索"线性擦除"效果，将其添加到剪辑上，在"效果控件"面板中设置"过渡完成"为50%，并添加关键帧，如图6-166所示。效果如图6-167所示。

图6-166

图6-167

**04** 再次在剪辑上添加"线性擦除"效果，设置"过渡完成"为50%，并添加关键帧，设置"擦除角度"为-90°，如图6-168所示。此时画面会完全消失，呈现黑色背景，如图6-169所示。

图6-168

图6-169

**05** 移动播放指示器到00:00:02:00的位置，设置两个"过渡完成"都为0%，如图6-170所示。此时画面中剪辑内容会完全显示，如图6-171所示。

**06** 按Space键播放画面，案例最终效果如图6-172所示。

图6-170

图6-171

图6-172

# 6.9 透视类视频效果

透视类视频效果可以为剪辑画面制作出不同的立体效果。

**本节重点内容**

| 重点内容 | 说明 | 重要程度 |
|---|---|---|
| 基本3D | 产生立体翻转等效果 | 中 |
| 投影 | 在剪辑画面的下方呈现阴影效果 | 中 |

## 6.9.1 基本3D

"基本3D"效果可以让剪辑画面产生立体翻转等效果。在"效果控件"面板中还可以设置其他翻转效果，如图6-173所示。

**重要参数介绍**

**旋转：**设置剪辑画面的水平旋转角度，如图6-174所示。

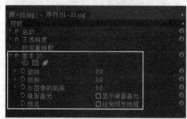

图6-173

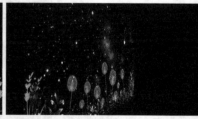

图6-174

**倾斜：**设置剪辑画面的垂直翻转角度，如图6-175所示。

**与图像的距离：**设置剪辑画面在节目监视器中拉近或推远的状态，如图6-176所示。

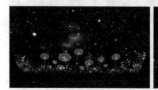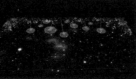

图6-175

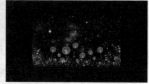

图6-176

## 6.9.2 投影

"投影"效果可以在剪辑画面的下方呈现阴影效果。在"效果控件"面板中可以设置投影的参数，如图6-177所示。

**重要参数介绍**

    **阴影颜色：**设置阴影的颜色。

    **不透明度：**设置阴影的不透明度。

    **方向：**设置阴影的方向，如图6-178所示。

图6-177                                           图6-178

    **距离：**设置阴影与剪辑画面之间的距离。

    **柔和度：**设置阴影边缘的柔和程度。

# 6.10 风格化类视频效果

风格化类视频效果类似于Photoshop中的风格化滤镜，可以生成不同的画面效果。

**本节重点内容**

| 重点内容 | 说明 | 重要程度 |
| --- | --- | --- |
| Alpha发光 | 生成发光效果 | 高 |
| 复制 | 对剪辑画面进行大量复制 | 高 |
| 彩色浮雕 | 在剪辑画面上形成彩色的凹凸感 | 中 |
| 查找边缘 | 生成类似彩铅绘制的线条感 | 中 |
| 画笔描边 | 让剪辑画面产生类似水彩画的效果 | 中 |
| 粗糙边缘 | 在剪辑画面的边缘制作出腐蚀的效果 | 中 |
| 色调分离 | 让画面的颜色产生分离效果 | 中 |
| 闪光灯 | 模拟真实的闪光灯闪烁效果 | 中 |
| 马赛克 | 将画面转换为像素块拼凑的效果 | 高 |

## 6.10.1 Alpha发光

"Alpha发光"效果是在剪辑画面上生成发光效果。在"效果控件"面板中可以设置发光的相关参数，如图6-179所示。

**重要参数介绍**

    **发光：**设置发光区域的大小，如图6-180所示。

图6-179                                           图6-180

**亮度：** 设置灯光的亮度。

**起始颜色/结束颜色：** 设置发光在起始位置/结束位置的颜色。

**淡出：** 勾选该选项后，发光会产生平滑的过渡效果。

📇 课堂案例

## 发光字效果

| | |
|---|---|
| 案例文件 | 案例文件>CH06>课堂案例：发光字效果 |
| 视频名称 | 课堂案例：发光字效果.mp4 |
| 学习目标 | 掌握"Alpha发光"效果的使用方法 |

本案例需要使用"**Alpha发光**"制作视频文字的发光效果，如图6-181所示。

图6-181

**01** 双击"项目"面板的空白区域，在弹出的"导入"对话框中选择本书学习资源"案例文件>CH06>课堂案例：发光字效果"文件夹中的所有素材并导入，如图6-182所示。

**02** 新建一个AVCHD 1080p25序列，将素材拖曳到轨道上，将"文字.png"剪辑放在"背景.mp4"剪辑的上方，如图6-183所示。

图6-182

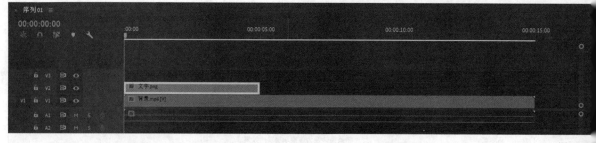

图6-183

**03** 将"背景.mp4"剪辑缩短到和"文字.png"剪辑相同的长度，并删掉音频，如图6-184所示。

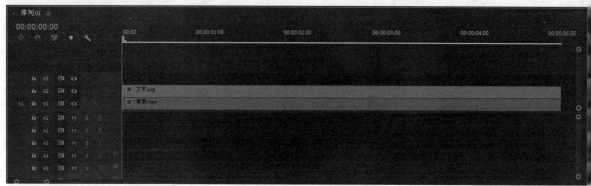

图6-184

04 选中"文字.png"剪辑，在"效果控件"面板中设置"缩放"为0、"不透明度"为0%，并在剪辑起始位置添加关键帧，如图6-185所示。此时节目监视器中只有背景部分，如图6-186所示。

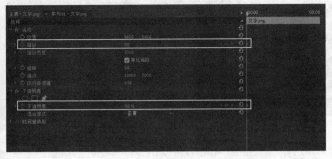 

图6-185　　　　　　　　　　　　　　　　　　图6-186

05 移动播放指示器到00:00:01:00的位置，设置"缩放"为70、"不透明度"为100%，如图6-187所示。此时节目监视器中的效果如图6-188所示。

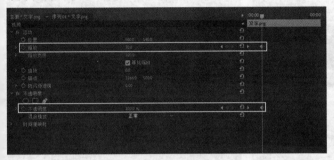 

图6-187　　　　　　　　　　　　　　　　　　图6-188

06 在"效果"面板中选择"Alpha发光"效果，将其拖曳到"文字.png"剪辑上，在"效果控件"面板中设置"发光"为0，并在00:00:01:00的位置添加关键帧，设置"起始颜色"为蓝色、"结束颜色"为青色，并勾选"使用结束颜色"选项，如图6-189所示。

> **技巧与提示**
>
> "起始颜色"和"结束颜色"可以单击后方的"吸管"按钮，在画面中吸取相似的颜色即可。

图6-189

07 移动播放指示器到00:00:01:05的位置，设置"发光"为30，并添加关键帧，如图6-190所示。效果如图6-191所示。

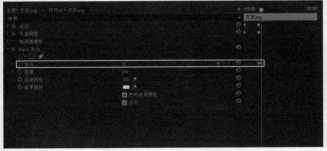 

图6-190　　　　　　　　　　　　　　　　　　图6-191

08 移动播放指示器到00:00:01:12的位置，设置"发光"为10，并添加关键帧，如图6-192所示。效果如图6-193所示。

图6-192　　　　　　　　　　　　　　　　　　　　　　　图6-193

09 移动播放指示器到00:00:01:20的位置，设置"发光"为30，并添加关键帧，如图6-194所示。效果如图6-195所示。

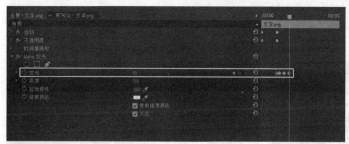

图6-194　　　　　　　　　　　　　　　　　　　　　　　图6-195

10 移动播放指示器到00:00:02:00的位置，设置"发光"为0，并添加关键帧，如图6-196所示。效果如图6-197所示。

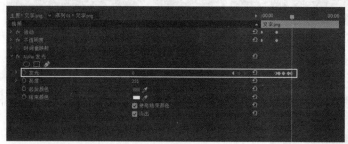

图6-196　　　　　　　　　　　　　　　　　　　　　　　图6-197

11 在剪辑中随意导出4帧，案例最终效果如图6-198所示。

图6-198

## 6.10.2 复制

"复制"效果可以对剪辑画面进行大量复制。在"效果控件"面板中设置"计数"的值就可以设置复制的数量，如图6-199所示。复制效果如图6-200所示。

图6-199　　　　　　　　　　　图6-200

## 6.10.3 彩色浮雕

"彩色浮雕"效果可以在剪辑画面上形成彩色的凹凸感。在"效果控件"面板中可以设置浮雕的相关参数,如图6-201所示。

**重要参数介绍**

**方向:** 设置浮雕的方向。

**起伏:** 设置浮雕的距离和大小,如图6-202所示。

图6-201 图6-202

**对比度:** 设置浮雕的对比度效果。

**与原始图像混合:** 设置浮雕效果与原有效果之间的混合程度。

## 6.10.4 查找边缘

"查找边缘"效果可以生成类似于彩铅绘制的线条感。在"效果控件"面板中可以调整查找边缘的效果,如图6-203所示。添加效果后画面自动生成彩铅效果,如图6-204所示。

**重要参数介绍**

**反转:** 勾选该选项后,会将生成的像素反向,如图6-205所示。

图6-203 图6-204 图6-205

**与原始图像混合:** 设置"查找边缘"效果与原有效果的混合程度。

## 6.10.5 画笔描边

"画笔描边"效果可使剪辑画面产生类似水彩画的效果。在"效果控件"面板中可以设置画笔描边的相关参数,如图6-206所示。

**重要参数介绍**

**描边角度:** 设置画笔描边的方向。

**画笔大小:** 设置画笔的直径,如图6-207所示。

图6-206 图6-207

**描边长度:** 设置画笔笔触的长短,如图6-208所示。

**描边浓度:** 使像素进行叠加,从而改变图片的形状。

**绘画表面:** 在下拉列表中可以选择绘画方式,如图6-209所示。

图6-208

图6-209

## 6.10.6 粗糙边缘

"粗糙边缘"效果可以在剪辑画面的边缘制作出腐蚀的效果。在"效果控件"面板中可以调整腐蚀的各种参数,如图6-210所示。

**重要参数介绍**

**边缘类型:** 在下拉列表中有8种类型的边缘效果可供选择,如图6-211所示。

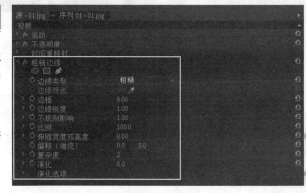

图6-210

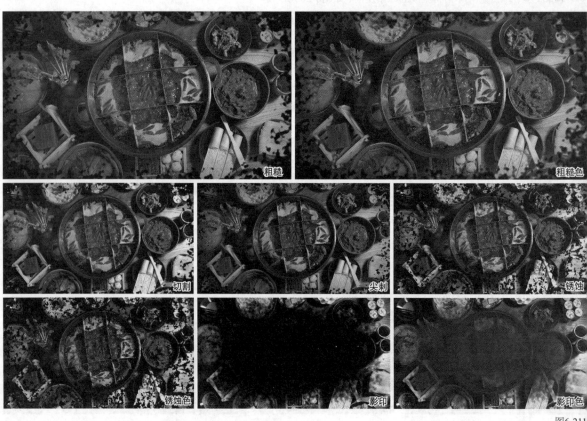

图6-211

**边缘颜色：** 在特定的边缘类型中设置其颜色。

**边框：** 设置腐蚀形状大小。

**边缘锐度：** 调整画面边缘的清晰度。

**比例：** 设置剪辑画面所占的比例。

**伸缩宽度或高度：** 设置腐蚀边缘的宽度或高度。

**偏移（湍流）：** 设置腐蚀效果的偏移程度。

**演化：** 控制边缘的粗糙度。

# 6.10.7 色调分离

"色调分离"效果是在剪辑画面表面呈现不同颜色色块的效果。在"效果控件"面板中可以设置色调分离的级别，如图6-212所示。

**重要参数介绍**

　　**级别：** 设置色调分离色块的细腻程度，如图6-213所示。

图6-212

图6-213

# 6.10.8 闪光灯

"闪光灯"效果可模拟真实的闪光灯闪烁效果。在"效果控件"面板中可以设置闪光灯的相关参数，如图6-214所示。

**重要参数介绍**

　　**闪光色：** 设置闪光灯的颜色。

　　**与原始图像混合：** 调整闪光色与剪辑画面的混合程度，如图6-215所示。

图6-214

图6-215

**闪光持续时间（秒）：** 设置闪光灯的闪烁时长，以秒为单位。

**闪光周期（秒）：** 设置闪光灯的闪烁间隔，以秒为单位。

**随机闪光几率：** 设置随机闪烁的频率。

**闪光：** 有"仅对颜色操作"和"使图层透明"两种闪光方式。

**闪光运算符：** 设置闪光颜色与剪辑画面的混合模式。

**随机植入：** 设置闪光的随机植入。数值越大，画面透明度越高。

### 6.10.9 马赛克

"马赛克"效果可以将画面转换为像素块拼凑的效果。在"效果控件"面板中可以设置马赛克的大小和区域,如图6-216所示。"马赛克"效果如图6-217所示。

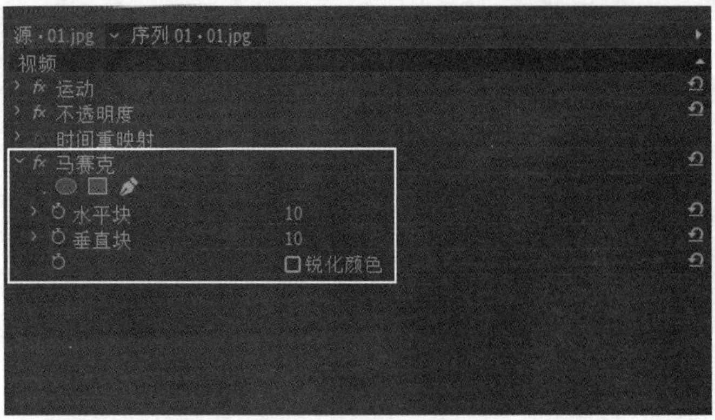

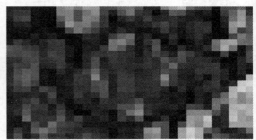

图6-216

图6-217

**重要参数介绍**

**水平块/垂直块:** 设置马赛克的水平和垂直数量。

**锐化颜色:** 勾选此选项后,可以强化像素块的颜色阈值。

# 6.11 键控类视频效果

键控类视频效果可以实现抠图和轨道遮罩的作用,用于制作一些较为复杂的视频。

**本节重点内容**

| 重点内容 | 说明 | 重要程度 |
|---|---|---|
| 轨道遮罩键 | 生成轨道间的遮罩效果 | 高 |
| 颜色键 | 抠除画面中的指定颜色 | 高 |

### 6.11.1 轨道遮罩键

"轨道遮罩键"效果可以将上层轨道的剪辑作为下层轨道剪辑的遮罩剪辑,根据遮罩的亮度或Alpha显示特定的内容。在"效果控件"面板中可以设置遮罩的类型和轨道,如图6-218所示。遮罩效果如图6-219所示。

图6-218

图6-219

**重要参数介绍**

**遮罩:** 设置遮罩层所在的轨道。

**合成方式:** 可以选择"Alpha遮罩"或"亮度遮罩"。

**反向:** 勾选该选项后,遮罩显示方式将全部反向。

## 6.11.2 颜色键

"颜色键"效果可以通过设置特定的颜色,抠除画面中的对应区域,形成透明效果。在"效果控件"面板中可以设置抠除的颜色等信息,如图6-220所示。抠除后的效果如图6-221所示。

图6-220            图6-221

**重要参数介绍**

**主要颜色:** 设置要抠除的颜色。

**颜色容差:** 数值越大,包含越多与"主要颜色"相近的颜色。

**边缘细化:** 设置抠除区域的边缘细化程度。

**羽化边缘:** 模糊抠除区域的边缘。

## 6.12 本章小结

通过本章的学习,相信读者对Premiere Pro的视频效果有了一定的认识。运用丰富的视频效果,可以制作出不同的效果,让简单的画面变得更加丰富。

## 6.13 课后习题

下面通过两个课后习题来练习本章所学的内容。

### 课后习题:动态节气海报

| | |
|---|---|
| 案例文件 | 案例文件>CH06>课后习题:动态节气海报 |
| 视频名称 | 课后习题:动态节气海报.mp4 |
| 学习目标 | 掌握视频调色的方法 |

本案例需要为一幅节气海报制作动态效果,如图6-222所示。

图6-222

# 课后习题：变换霓虹空间

案例文件　案例文件>CH06>课后习题：变换霓虹空间
视频名称　课后习题：变换霓虹空间.mp4
学习目标　掌握"复制"效果的使用方法

本案例需要为图片添加关键帧和"复制"效果，生成动态视频，效果如图6-223所示。

图6-223

# 7

## 字幕

Premiere Pro 2022的字幕系统进行了较大的更改，取消了"字幕"面板，新增了"文本"面板，制作字幕的方式也有了较大的改变。本章将为读者介绍新版本的字幕系统。

### 课堂学习目标

◇　掌握文字工具的使用方法
◇　熟悉"文本"面板

# 7.1 文字工具

"文字工具" T 和"垂直文字工具" T 是创建字幕的两个重要工具，本节讲解这两个工具的使用方法。

**本节重点内容**

| 重点内容 | 说明 | 重要程度 |
|---|---|---|
| 文字工具 | 快速添加横排文字 | 高 |
| 垂直文字工具 | 快速添加竖排文字 | 高 |

## 7.1.1 文字工具

使用"工具"面板中的"文字工具" T，可以在节目监视器中输入文字内容。单击"文字工具"按钮 T 后，在节目监视器中单击，就会生成用于输入文字的红框，如图7-1所示。在红框内可以输入需要的文字内容，如图7-2所示。

图7-1

图7-2

此时"时间线"面板中会显示一个新的文字剪辑，如图7-3所示。

文字的颜色默认为白色，如果想更改文字的相关属性，可以在"效果控件"面板中展开"文本"卷展栏，即可更改字体、大小和颜色等属性，如图7-4所示。

图7-3

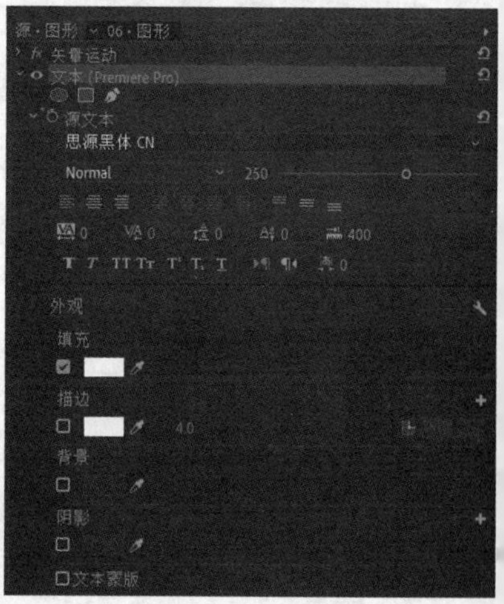

图7-4

**源文本：** 在该参数上添加关键帧后，可以随着关键帧的变化来更改文字内容。

**字体：** 可以在下拉列表中选择文本的字体。需要注意的是，下拉列表中的字体为计算机中已经安装的字体，未安装的字体不会出现在该列表中。

**字体样式：** 可以为选中的字体选择不同的字体样式。

**字体大小：** 设置文字的大小。

**填充：** 设置文字的颜色，默认为白色。

**描边**：勾选该选项后，可以设置文字描边的颜色，如图7-5所示。

**背景**：勾选该选项后，文字的后方会出现一个色块，如图7-6所示。

**阴影**：勾选该选项后，可以生成文字的投影效果，如图7-7所示。

图7-5　　　　　　　　　　　　　　　图7-6　　　　　　　　　　　　　　　图7-7

除了可以在"效果控件"面板中调整文字的属性，还可以执行"窗口>基本图形"菜单命令，在"基本图形"面板中进行调整，如图7-8所示。这两种方法读者按照自己的习惯选择一种即可。

图7-8

## 7.1.2 垂直文字工具

长按"文字工具"按钮 T，在弹出的工具列表中可以切换"垂直文字工具" IT，如图7-9所示。使用"垂直文字工具" IT 就能在画面中输入纵向排列的文本内容，如图7-10所示。

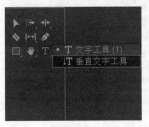

图7-9　　　　　　　　　　　　　　　　　　　　　　　　图7-10

**课堂案例**

**动态电子贺卡**

| | |
|---|---|
| 案例文件 | 案例文件>CH07>课堂案例：动态电子贺卡 |
| 视频名称 | 课堂案例：动态电子贺卡.mp4 |
| 学习目标 | 掌握文字工具的使用方法 |

运用第6章学习的"线性擦除"效果，可以制作一个简单的电子贺卡，效果如图7-11所示。

**01** 新建一个项目，将本书学习资源"案例文件>CH07>课堂案例：动态电子贺卡"文件夹中的素材文件导入"项目"面板中，如图7-12所示。

图7-11　　　　　　　　　　　　　　　　　　　　　图7-12

**02** 新建一个AVCHD 1080p25序列，将素材文件拖曳到轨道上，如图7-13所示。效果如图7-14所示。

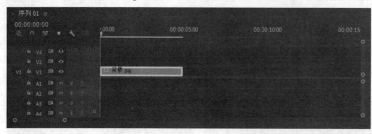

图7-13                                                   图7-14

**03** 单击"文字工具"按钮 **T**，在画面中输入"新年快乐"，如图7-15所示。

**04** 在"效果控件"面板中，设置"字体"为"字魂55号-龙吟手书"，"字体大小"为288，"填充"颜色为黄色，勾选"阴影"选项，设置"不透明度"为45%，"距离"为20.9，"模糊"为80，如图7-16所示。效果如图7-17所示。

图7-15                               图7-16                            图7-17

### ▓ 📌 知识点：在计算机中添加字体

　　读者在进行该步骤的操作时，如果发现自己的计算机中没有"字魂55号-龙吟手书"字体，除了用其他字体代替外，还可以在网络上下载该字体后加载在本机上。

　　以Windows 10系统为例。打开计算机中的"控制面板"，双击打开"字体"文件夹，如图7-18所示。

　　在打开的"字体"文件夹中将下载的字体文件复制并粘贴到该文件夹中，就可以对字体进行安装。安装完成后，重新启动Premiere Pro，就可以使用该字体了。

图7-18

**05** 在"效果"面板中搜索"线性擦除"效果，将其添加到文字剪辑上，在剪辑起始位置设置"过渡完成"为100%，并添加关键帧，然后设置"擦除角度"为-90°，如图7-19所示。此时画面中的文字全部消失。

**06** 移动播放指示器到00:00:02:00的位置，设置"过渡完成"为0%，如图7-20所示。此时画面中的文字全部显示。

**07** 按Space键播放动画，案例最终效果如图7-21所示。

图7-19                                            图7-20

图7-21

课堂案例

## 动态粉笔字

案例文件　案例文件>CH07>课堂案例：动态粉笔字
视频名称　课堂案例：动态粉笔字.mp4
学习目标　掌握文字工具的使用方法

本案例运用"线性擦除"效果制作一段动态粉笔字动画，案例效果如图7-22所示。

**01** 新建一个项目，将本书学习资源"案例文件>CH07>课堂案例：动态粉笔字"文件夹中的素材文件导入"项目"面板中，如图7-23所示。

图7-22　　　　　　　　　　　　　　　　　图7-23

**02** 新建一个AVCHD 1080p25序列，将素材文件拖曳到"时间线"面板中，如图7-24所示。效果如图7-25所示。

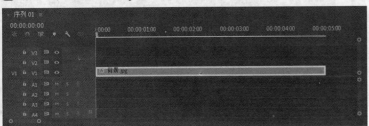

图7-24　　　　　　　　　　　　　　　　　图7-25

**03** 使用"文字工具" **T** 在画面中输入Everyday will be a，在"效果控件"面板中设置"字体"为beck，"字体大小"为130，接着设置第1个单词的颜色为粉色，其余单词的颜色为白色，如图7-26所示。效果如图7-27所示。

**04** 使用"文字工具" **T** 在上述文字的下方输入new day，然后设置文字的颜色为绿色，如图7-28所示。

图7-26　　　　　　　　　　　　　　　　　图7-27

**05** 在"效果"面板中搜索"线性擦除"效果，将其添加到两个文本剪辑上。选中Everyday will be a剪辑，在剪辑起始位置设置"过渡完成"为100%，并添加关键帧，设置"擦除角度"为−90°，如图7-29所示。效果如图7-30所示。

图7-28　　　　　　　　　　図7-29　　　　　　　　　　图7-30

06 移动播放指示器到00:00:02:00的位置,设置"过渡完成"为0%,如图7-31所示。效果如图7-32所示。

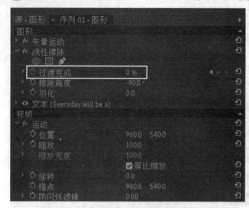

图7-31

图7-32

07 保持播放指示器的位置不变,选中new day剪辑,在"效果控件"面板中设置"过渡完成"为100%,并添加关键帧,设置"擦除角度"为-90°,如图7-33所示。效果如图7-34所示。

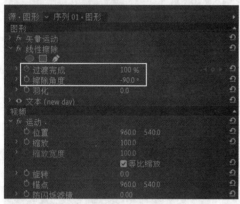

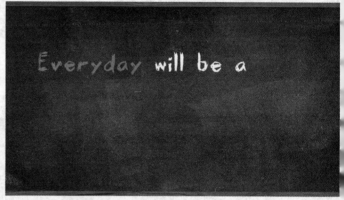

图7-33

图7-34

08 移动播放指示器到00:00:03:00的位置,设置"过渡完成"为0%,如图7-35所示。效果如图7-36所示。

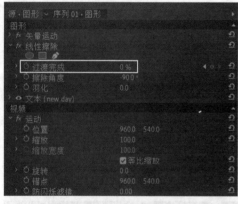

图7-35

图7-36

09 按Space键播放动画,案例最终效果如图7-37所示。

 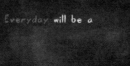 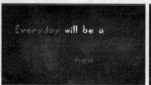 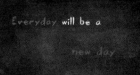

图7-37

# 7.2 "文本"面板

"文本"面板是Premiere Pro 2022新增的一个面板。该面板包含"转录文本"、"字幕"和"图形"3个选项卡，如图7-38所示。

图7-38

**本节重点内容**

| 重点内容 | 说明 | 重要程度 |
|---|---|---|
| 转录文本 | 将语音转换为文字 | 高 |
| 字幕 | 显示转换的文字内容并编辑 | 高 |
| 图形 | 显示输入的文字内容 | 中 |

# 7.2.1 转录文本

"转录文本"功能可以将一段语音音频自动转换为文字内容，并将其添加到画面中。这个功能是Premiere Pro 2022中新增加的，可以省去先将语音音频导入外部软件制作字幕再导入Premiere Pro的烦琐操作，极大地提升用户的操作体验。下面简单讲解该功能的使用方法。

**第1步：**创建一个序列，导入带有语音音频的素材文件，并将其放置于轨道上，如图7-39所示。

**第2步：**执行"窗口>文本"菜单命令，打开"文本"面板，如图7-40所示。

**第3步：**单击"转录序列"按钮 <kbd>转录序列</kbd>，在弹出的对话框中设置"语言"为"简体中文、音轨正常"为"音频1"，如图7-41所示。

图7-39

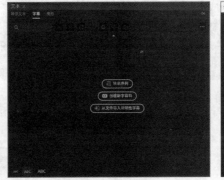

图7-40　　　　图7-41

**技巧与提示**

读者可以在"语言"下拉列表中选择系统提供的语言类型，如图7-42所示。如果发现某种语言类型右侧出现了云朵样式的图标，代表本机软件没有安装该语言包，需要在线下载。

图7-42

**第4步：**设置完成后，单击"转录"按钮 <kbd>转录</kbd>，等待软件自动识别语音并将语音转换为文字，如图7-43所示。转录完成后如果读者发现文字有差错，也不用担心，可以在后续编辑中修改。需要注意的是，"文本"面板中默认显示的字体可能会将某些文字的字形显示为错误的效果，但实际在画面中则是正确的，请读者以实际画面中的效果为准。

图7-43

**第5步：** 单击面板上方的"创建说明性字幕"按钮 ，在弹出的"创建字幕"对话框中设置字幕的显示方式，如图7-44所示。这一步的参数设置较为灵活，读者可以根据实际情况设置。

**第6步：** 单击"创建"按钮 ，"字幕"选项卡中就会显示转录的每一段语音文字，如图7-45所示。在序列中也能看到创建的文字剪辑，如图7-46所示。

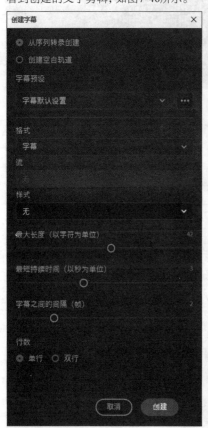

图7-44

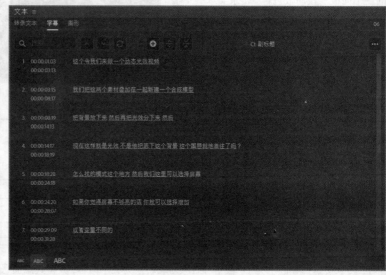

图7-45

图7-46

转录完成后，就可以在"字幕"选项卡中更加精确地调整转录的文字内容。

## 7.2.2 字幕

转录完成的文字内容会显示在"字幕"选项卡中，我们可以边听语音边校正错别字、错误的节奏点等，如图7-47所示。

**拆分字幕 ：** 如果需要将一段字幕按照语气或断句拆分为两段，可以选中需要拆分的字幕，单击该按钮，就能将所选字幕拆分成两段完全相同的字幕，如图7-48所示。之后只需分别修改每一段需要保留的部分即可，如图7-49所示。

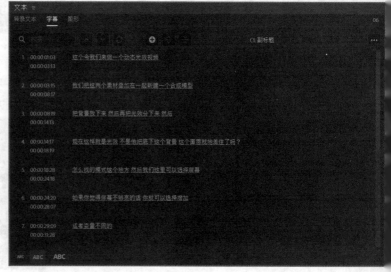

图7-47

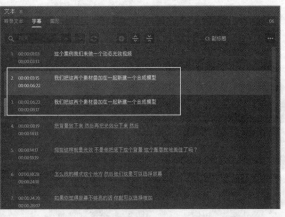 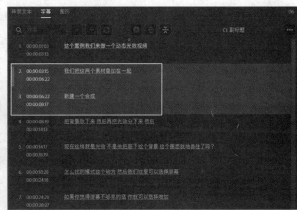

图7-48　　　　　　　　　　　　　　　　图7-49

**合并字幕** ：如果要将两段语音合并为一句话，可以选中需要合并的语音，单击该按钮，在节目监视器中就能看到添加的字幕信息。如果要修改文字的字体、大小和颜色等，可以选中"字幕"选项卡中的所有文字，然后在"基本图形"面板中修改相应的信息，如图7-50和图7-51所示。

图7-50

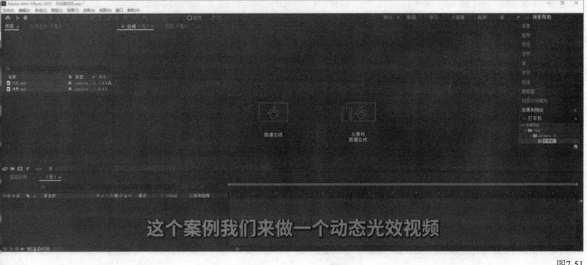

图7-51

## 7.2.3 图形

　　"图形"选项卡中会显示使用"文字工具" T 或"垂直文字工具" IT 在画面中输入的文本内容等相关信息，如图7-52所示。

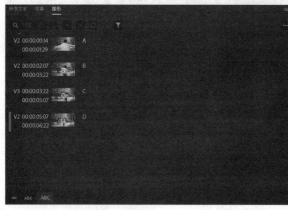

图7-52

　　**筛选轨道：**单击该按钮，在下拉菜单中可以选择不同轨道的文字剪辑，如图7-53所示。

　　**设置：**单击该按钮，可以导入或导出文本文件，以及进行拼写检查等，如图7-54所示。

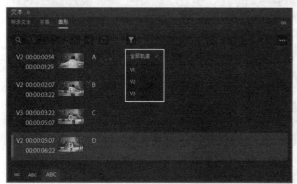

图7-53　　　　　　　　　　　　　　　　　　　　　　　　　　　　图7-54

▣ 课堂案例

## 语音转录字幕

| 案例文件 | 案例文件>CH07>课堂案例：语音转录字幕 |
| --- | --- |
| 视频名称 | 课堂案例：语音转录字幕.mp4 |
| 学习目标 | 掌握转录文本的使用方法 |

　　运用"转录文本"功能，可以将一段语音转换成文字内容，从而快速生成字幕，案例效果如图7-55所示。

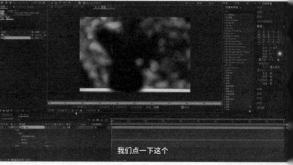

图7-55

这个按钮 相当于我们把擦掉的部分

它们都只能在图层面板中才能生效

图7-55（续）

01 新建一个项目，将本书学习资源"案例文件>CH07>课堂案例：语音转录字幕"文件夹中的素材文件导入"项目"面板中，如图7-56所示。

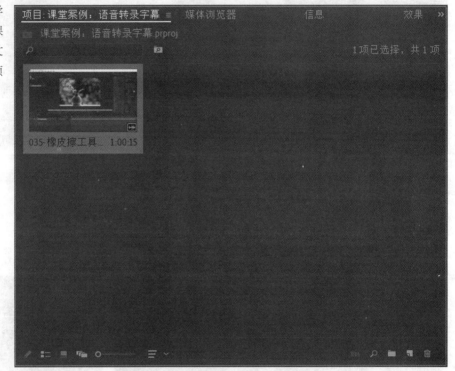

图7-56

02 选中素材，将其拖曳到"时间轴"面板中生成序列，如图7-57所示。效果如图7-58所示。

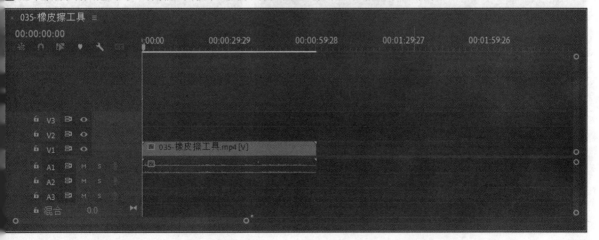

图7-57

图7-58

📝 技巧与提示

　　读者可以自行录制一段带有语音的视频作为素材进行练习。

03 执行"窗口>文本"菜单命令，打开"文本"面板，如图7-59所示。

04 单击"转录序列"按钮 转录序列 ，在弹出的对话框中设置"语言"为"简体中文"，"音轨正常"为"音频1"，如图7-60所示。

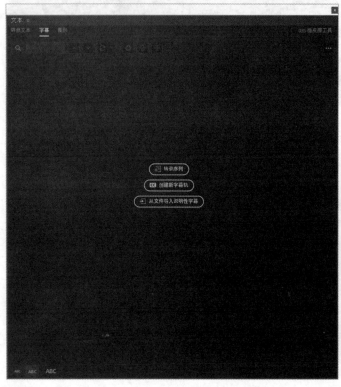

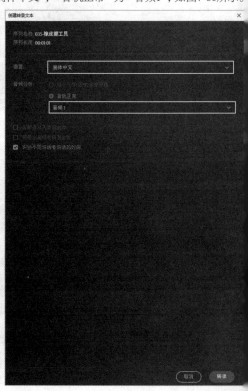

图7-59                                                                                    图7-6●

**05** 单击 "转录" 按钮 ，系统就会开始转录，如图7-61所示。转录完成后，面板中会显示解析的文字内容，如图7-62所示。

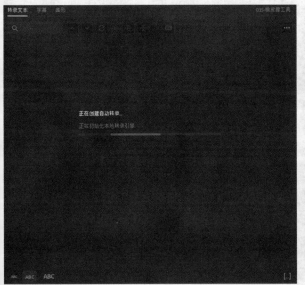

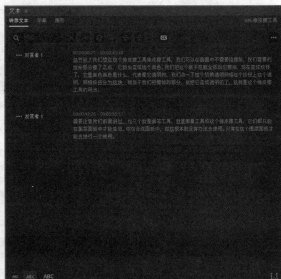

图7-61

图7-62

**06** 观察解析的文字内容，可能会发现有错误的地方。双击字幕，就可以在输入框内修改文字内容，添加标点符号以进行断句，如图7-63所示。

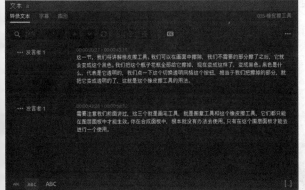

图7-63

**技巧与提示**

字幕是根据录制的语音生成的文字，在语法上不一定很严谨。只要能和录制的语音对应上，不出现错别字，就可满足需要。

**07** 单击面板上方的 "创建说明性字幕" 按钮 ，在弹出的对话框中设置字幕的显示方式，如图7-64所示。

**08** 单击 "创建" 按钮 ，"字幕" 选项卡中会显示字幕时间和内容，如图7-65所示。需要注意的是，"字幕" 选项卡中显示的文字字体与画面中显示的字体不同，以画面中显示的字体为准，如图7-66所示。

图7-64

图7-65

图7-66

**09** 在"字幕"选项卡中选中所有字幕内容,打开"基本图形"面板,将"字体"修改为"思源黑体",如图7-67所示。效果如图7-68所示。

图7-67

> **技巧与提示**
>
> 执行"窗口>基本图形"菜单命令,即可打开"基本图形"面板。在"编辑"选项卡中,可以设置文字的字体、大小和颜色等信息。

图7-68

⑩ 按Space键播放动画，案例效果如图7-69所示。

图7-69

# 7.3 本章小结

通过本章的学习，相信读者对Premiere Pro的字幕功能有了一定的认识。在视频中添加各种静态或动态的文字、图形等素材，可以丰富画面的细节，增强视频的观赏性。使用转录文本功能可以极大地方便用户添加视频字幕，省去了插件或第三方软件的使用。

# 7.4 课后习题

下面通过两个课后习题来练习本章所学的内容，以掌握字幕功能的使用方法。

## 课后习题：动态新年海报

| | |
|---|---|
| 案例文件 | 案例文件>CH07>课后习题：动态新年海报 |
| 视频名称 | 课后习题：动态新年海报.mp4 |
| 学习目标 | 掌握文字工具的使用方法 |

运用文字工具和前面学习的视频效果，可以制作一幅简单的动态新年海报，效果如图7-70所示。

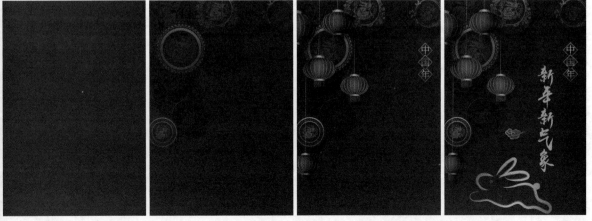

图7-70

## 课后习题：动态清新文字海报

案例文件　案例文件>CH07>课后习题：动态清新文字海报
视频名称　课后习题：动态清新文字海报.mp4
学习目标　掌握动态文字效果的使用方法

本案例需要为图片添加关键帧和"复制"效果，从而生成一段动态视频，效果如图7-71所示。

图7-71

## 课后习题：倒计时文字

案例文件　案例文件>CH07>课后习题：倒计时文字
视频名称　课后习题：倒计时文字.mp4
学习目标　掌握文字工具的使用方法

运用"基本3D"效果，可以制作一段简单的倒计时文字动画，效果如图7-72所示。

图7-72

# 8

## 调色

本章主要讲解 Premiere Pro 的调色方法。我们需要熟悉调色的相关知识，还要掌握常用的调色效果和风格。

### 课堂学习目标

◇ 熟悉调色的相关知识

◇ 掌握常用的调色效果

# 8.1 调色的相关知识

调色,是视频剪辑中非常重要的一个环节,一幅作品的颜色在很大程度上会影响观看者的心理和情感反应。下面介绍一些调色的相关知识。

## 8.1.1 调色的相关命令

色相是调色中常用的术语,表示画面的整体颜色倾向,也称为色调。图8-1所示是两张不同色调的图像。

图8-1

饱和度是指画面颜色的鲜艳程度,也叫作纯度。饱和度越高,整个画面的颜色越鲜艳。图8-2所示为两张饱和度不同的图像。

图8-2

明度是指色彩的明亮程度,包括同种颜色的明度变化及不同颜色的明度变化。图8-3和图8-4所示为两种不同的明度变化效果。

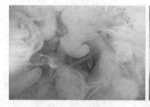

图8-3

图8-4

曝光度是指图像在拍摄时呈现的亮度。曝光过度会让图像发白,曝光不足会让图像发黑,如图8-5所示。

曝光过度　　　　　　　曝光不足

图8-5

## 8.1.2 调色的要素

图像的色调可以从图像的明暗、对比度、曝光度、饱和度和色调等方面进行调整。对于初学者来说,选择哪种工具进行调色比较难以抉择。下面从4个方面简单讲解调色的要素。

### 1.调整画面的整体

在调整图像时,通常从整体进行观察。例如,图像整体的亮度、对比度、色调和饱和度等。遇到上述曝光方面的问题时,就需要先进行处理,让图像整体呈现合适的效果,如图8-6和图8-7所示。

图8-6

图8-7

### 2.细节处理

整体调整后的图像看起来应该较为合适,但有些细节部分可能仍然不尽如人意。例如,某些部分的亮度不合适,或需要调整局部的颜色,如图8-8和图8-9所示。

图8-8

图8-9

### 3.融合各种元素

在制作一些视频的时候,往往需要添加一些其他元素。当添加新的元素后,可能会导致整体画面不和谐。这种不和谐可能是大小比例、透视角度和虚实程度等问题,也可能是元素与主体色调不统一。图8-10所示的蓝色纸飞机与绿色背景搭配不合适,需要将背景的颜色调整为黄色。

图8-10

### 4.增加气氛

通过上面3个步骤的调整,画面的整体和细节都得到了很好的调整,大致呈现了合格的图像。只是合格还不够,如果想使图像脱颖而出并吸引用户,就需要增加一些气氛。例如,让图像的颜色与主题更契合,或添加一些效果起到点睛的作用,如图8-11和图8-12所示。

图8-11

图8-12

# 8.2 图像控制类视频效果

图像控制类视频效果可以改变剪辑的颜色,使其转换为单色,也可以替换其中的颜色。

### 本节重点内容

| 重点内容 | 说明 | 重要程度 |
| :---: | :---: | :---: |
| Color Pass | 保留画面中设定的颜色,其他颜色转为灰度效果 | 高 |
| Color Replace | 将目标颜色更改为另一种颜色 | 高 |
| Gamma Correction | 更改画面的亮度 | 高 |
| 黑白 | 只保留画面中的一种颜色 | 中 |

# 8.2.1 Color Pass

Color Pass（颜色隔离）效果可以保留画面中设定的颜色，并将其他颜色转换为灰度效果，如图8-13所示。在"效果控件"面板中可以设置需要保留的颜色，如图8-14所示。

原图

保留蓝色

图8-13                                                                                                          图8-14

**重要参数介绍**

**Similarity（相似性）：** 控制保留颜色的相似度。数值越大，包含的相似颜色越多，如图8-15所示。

**Reverse（反转）：** 勾选该选项后，会保留设定颜色以外的颜色，如图8-16所示。

Similarity：10

Similarity：40

不勾选

勾选

图8-15                                                                                图8-16

**Color（颜色）：** 设置需要保留的颜色，使用右侧的"吸管工具" 可以从画面中吸取颜色。

课堂案例

**红色爱心**

| 案例文件 | 案例文件>CH08>课堂案例：红色爱心 |
| --- | --- |
| 视频名称 | 课堂案例：红色爱心.mp4 |
| 学习目标 | 掌握Color Pass效果的使用方法 |

本案例使用Color Pass效果将图片中的红色保留，将其他颜色转换为灰度效果，调整前后的对比效果如图8-17所示。

调整前

调整后

图8-17

**01** 双击"项目"面板的空白区域，在弹出的"导入"对话框中选择本书学习资源"案例文件>CH08>课堂案例：红色爱心"文件夹中的素材文件并导入，如图8-18所示。

**02** 将素材文件拖曳到"时间线"面板生成序列，如图8-19所示。效果如图8-20所示。

图8-18

图8-19 图8-20

**03** 在"效果"面板中搜索Color Pass效果，将其添加到剪辑上，此时画面变成灰度效果，如图8-21和图8-22所示。

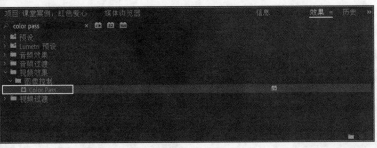

图8-21 图8-22

**04** 单击Color色块右侧的"吸管工具" 吸取红色爱心上的颜色，此时除红色爱心外，其余颜色都变为灰色，如图8-23所示。

**05** 在"效果控件"面板中设置Similarity为20，如图8-24所示。这样可以尽量还原爱心上的红色部分，且保持其余部分的颜色为灰色。案例最终效果如图8-25所示。

图8-23 图8-24 图8-25

## 8.2.2 Color Replace

Color Replace（颜色替换）效果可以将目标颜色更改为另一种颜色，如图8-26所示。在"效果控件"面板中可以设置目标颜色和替换颜色，如图8-27所示。

调整前 调整后

图8-26 图8-27

**重要参数介绍**

**Similarity（相似性）：** 设置替换颜色的范围。数值越大，包含的相似颜色越多。

Solid Colors（**固有色**）：勾选该选项后，替换的颜色会以设置的颜色原
样呈现，如图8-28所示。

Target Color（**目标颜色**）：设置需要被替换的颜色。

Replace Color（**替换颜色**）：设置替换后的颜色。

图8-28

课堂案例

## 秋景图片

| 案例文件 | 案例文件>CH08>课堂案例：秋景图片 |
|---|---|
| 视频名称 | 课堂案例：秋景图片.mp4 |
| 学习目标 | 掌握Color Replace效果的使用方法 |

本案例需要用Color Replace效果将一张春景图片转换为秋景图片，调整前后的对比效果如图8-29所示。

图8-29

**01** 双击"项目"面板的空白区域，在弹出的"导入"对话框中选择本书学习资源"案例文件>CH08>课堂案例：秋景图片"文件夹中的素材并导入，如图8-30所示。

**02** 将素材文件拖曳到"时间线"面板生成序列，如图8-31所示。效果如图8-32所示。

图8-30

图8-31

图8-32

**03** 在"效果"面板中选择Color Replace效果，将其拖曳到剪辑上，在"效果控件"面板中设置Similarity为27，Target Color为草绿色，Replace Color为黄色，如图8-33所示。此时画面效果如图8-34所示。

图8-33

图8-34

04 远处的山仍然是绿色的。继续添加 Color Replace效果，设置Similarity为20，Target Color为青绿色，Replace Color为黄色，如图8-35所示。案例最终效果如图8-36所示。

图8-35          图8-36

## 8.2.3 Gamma Correction

Gamma Correction（伽玛校正）效果用于增加或减少画面的Gamma值，从而使画面变亮或变暗，如图8-37所示。
在"效果控件"面板中只有Gamma（伽玛）一个参数，如图8-38所示。Gamma的值越小，画面越亮；Gamma的值越大，画面越暗。

图8-37          图8-38

## 8.2.4 黑白

"黑白"效果没有参数，添加该效果后，彩色画面会自动转换为灰度模式，如图8-39所示。

图8-39

## 8.3 过时类视频效果

过时类视频效果可以通过曲线、颜色校正器、亮度、对比度、色阶和阴影/高光等效果来调整视频的效果。

**本节重点内容**

| 重点内容 | 说明 | 重要程度 |
|---|---|---|
| RGB曲线 | 针对红、绿、蓝颜色通道用曲线进行调色 | 中 |
| RGB颜色校正器 | 通过高光、中间调和阴影来控制画面的明暗 | 高 |
| 三向颜色校正器 | 通过阴影、中间调和高光分别调整画面的颜色 | 中 |
| 亮度曲线 | 通过曲线调整画面亮度 | 中 |
| 亮度校正器 | 调整画面的亮度、对比度和灰度 | 中 |
| 快速颜色校正器 | 通过色相和饱和度等调节画面的颜色 | 高 |
| 自动对比度 | 自动调整画面的对比度 | 中 |
| 自动色阶 | 自动调整画面的色阶 | 中 |
| 自动颜色 | 自动调整画面的颜色 | 中 |
| 阴影/高光 | 调整画面的阴影和高光 | 中 |

# 8.3.1 RGB曲线

　　"RGB曲线"效果针对红、绿、蓝颜色通道用曲线进行调色，从而产生丰富的颜色效果，其"效果控件"面板如图8-40所示，在该面板中可以调整整体或通道的曲线。

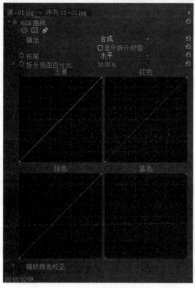

图8-40

**重要参数介绍**

　　**输出：**包含"合成"和"亮度"两种输出类型。

　　**布局：**包含"水平"和"垂直"两种布局类型。

　　**拆分视图百分比：**调整素材文件的视图大小。

　　**主要/红色/绿色/蓝色：**通过曲线调整整体画面或红、绿、蓝通道的颜色，如图8-41所示。

　　**辅助颜色校正：**可以通过色相、饱和度和明度定义颜色，并对画面中的颜色进行校正。

图8-41

# 8.3.2 RGB颜色校正器

　　"RGB颜色校正器"效果是一种较为强大的调色效果，可以通过高光、中间调和阴影来控制画面的明暗，其"效果控件"面板如图8-42所示，在该面板中可以调整具体参数。

**重要参数介绍**

　　**色调范围：**可以选择"主"、"高光"、"中间调"或"阴影"控制画面的明暗程度。

　　**灰度系数：**根据"色调范围"来调整画面中的灰度值，如图8-43所示。

　　**基值：**从Alpha通道中以颗粒状滤出一种杂色。

　　**RGB：**可对颜色通道中的灰度系数、基值和增益进行设置。

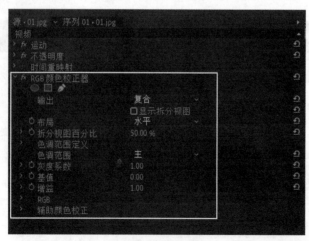

图8-42

图8-43

---

📝 **技巧与提示**

　　"RGB颜色校正器"效果与Photoshop中的"色阶"命令类似，读者可以类比使用。

🖭 课堂案例

# 旧照片色调

| 案例文件 | 案例文件>CH08>课堂案例：旧照片色调 |
| --- | --- |
| 视频名称 | 课堂案例：旧照片色调.mp4 |
| 学习目标 | 掌握"RGB曲线"效果的使用方法 |

本案例需要将一张图片调整为旧照片效果，调整前后的对比效果如图8-44所示。

图8-44

01 双击"项目"面板的空白区域，在弹出的"导入"对话框中选择本书学习资源"案例文件>CH08>课堂案例：旧照片色调"文件夹中的素材并导入，如图8-45所示。

图8-45

02 将素材文件拖曳到"时间线"面板生成序列，如图8-46所示。效果如图8-47所示。

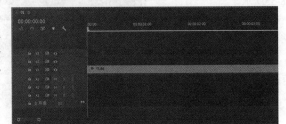

图8-46

图8-47

03 在"效果"面板中选择"RGB曲线"效果并将其拖曳到剪辑上，调整"主要"、"红色"和"蓝色"的曲线，如图8-48所示。效果如图8-49所示。

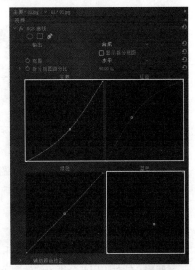

图8-48

图8-49

04 继续为剪辑添加"杂色"效果，设置"杂色数量"为100%，如图8-50所示。效果如图8-51所示。

05 将"项目"面板中的02.jpg文件拖曳到V2轨道上，并将其缩放到合适大小，如图8-52所示。

06 在"效果控件"面板中展开"不透明度"卷展栏，设置"混合模式"为"叠加"，如图8-53所示。案例最终效果如图8-54所示。

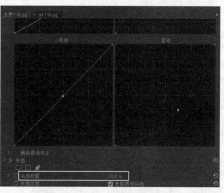

图8-50　　　　　　　　　　　　　　　　　　　　　图8-51

图8-52　　　　　　　　　　图8-53　　　　　　　　　　图8-54

## 8.3.3　三向颜色校正器

"三向颜色校正器"效果可以通过阴影、中间调和高光分别调整剪辑的颜色，其"效果控件"面板如图8-55所示。

**重要参数介绍**

**拆分视图：** 在颜色滚轮中调节阴影、中间调和高光区域的色调。

**色调范围定义：** 滑动滑块，可以调节阴影、中间调和高光区域的色调范围阈值。

**饱和度：** 调整剪辑画面的饱和度。

**辅助颜色校正：** 进一步调整颜色。

**自动色阶：** 调整剪辑画面的阴影和高光。

**阴影：** 针对阴影部分进行细致调整。

**中间调：** 针对中间调部分进行细致调整。

**高光：** 针对高光部分进行细致调整。

**主要：** 针对整体画面进行细致调整。

**主色阶：** 调整画面的黑白灰色阶。

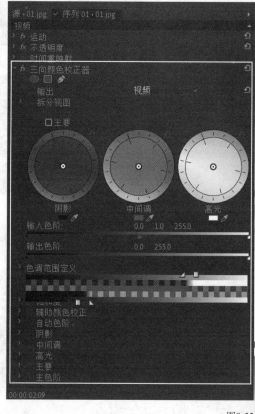

图8-55

# 8.3.4 亮度曲线

"亮度曲线"效果通过曲线来调整剪辑画面的亮度,在图8-56所示的"效果控件"面板中可以调节曲线。

**重要参数介绍**

　　**显示拆分视图:** 勾选该选项后,可显示剪辑画面调整前后的对比效果,如图8-57所示。

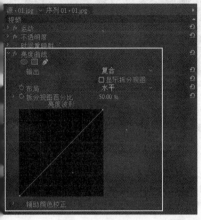

图8-56

图8-57

　　**拆分视图百分比:** 调整对比画面的占比。

　　**亮度波形:** 通过调整曲线的形状来控制画面的亮度。

# 8.3.5 亮度校正器

"亮度校正器"效果可以调整画面的亮度、对比度和灰度,其"效果控件"面板如图8-58所示。

**重要参数介绍**

　　**色调范围:** 可以选择"主"、"高光"、"中间调"或"阴影"进行亮度调整。

　　**亮度:** 控制相应色调范围的亮度。

　　**对比度:** 调整画面的对比度。

　　**灰度系数:** 调节图像的灰度值。

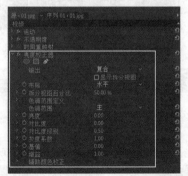

图8-58

# 8.3.6 快速颜色校正器

"快速颜色校正器"效果可以通过色相和饱和度等调节画面的颜色,在图8-59所示的"效果控件"面板中可以设置具体参数。

**重要参数介绍**

　　**色相平衡和角度:** 通过手动调整色盘,可以轻松对画面进行调色,如图8-60所示。

　　**色相角度:** 控制阴影、中间调或高光区域的色相。

　　**饱和度:** 调整整体画面的饱和度。

　　**输入黑色阶/输入灰色阶/输入白色阶:** 用于调整画面中阴影、中间调和高光的数量。

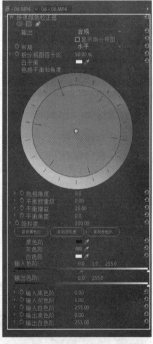

图8-59

图8-60

## 8.3.7 自动对比度

"自动对比度"效果可以自动调整画面的对比度,在"效果控件"面板中可以设置相关参数,如图8-61所示。

图8-61

**重要参数介绍**

**瞬时平滑(秒):** 控制画面的平滑程度。

**场景检测:** 根据"瞬时平滑(秒)"参数自动进行对比度检测处理。

**减少黑色像素:** 控制暗部像素在画面中所占的百分比。

**减少白色像素:** 控制亮部像素在画面中所占的百分比。

**与原始图像混合:** 控制调整效果与原图之间的混合程度。

## 8.3.8 自动色阶

"自动色阶"效果可以自动对剪辑画面进行色阶调节,在"效果控件"面板中可以设置具体参数,如图8-62所示。

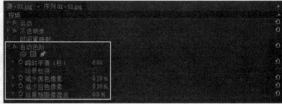

图8-62

**重要参数介绍**

**瞬时平滑(秒):** 控制画面的平滑程度。

**场景检测:** 根据"瞬时平滑(秒)"参数自动进行色阶检测处理。

**减少黑色像素:** 控制暗部像素在画面中所占的百分比。

**减少白色像素:** 控制亮部像素在画面中所占的百分比。

## 8.3.9 自动颜色

"自动颜色"效果可以自动调节画面的颜色,在"效果控件"面板中可以设置相关参数,如图8-63所示。

**重要参数介绍**

**瞬时平滑(秒):** 控制画面的平滑程度。

**场景检测:** 根据"瞬时平滑(秒)"参数自动进行颜色检测处理。

**减少黑色像素:** 控制暗部像素在画面中所占的百分比。

**减少白色像素:** 控制亮部像素在画面中所占的百分比。

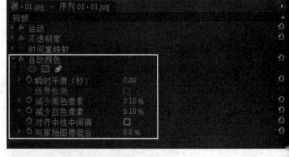

图8-63

## 8.3.10 阴影/高光

"阴影/高光"效果用于调整画面的阴影和高光部分,在"效果控件"面板中可以设置相关参数,如图8-64所示。

**重要参数介绍**

**自动数量:** 勾选该选项后,会自动调节画面的阴影和高光部分,调整前后的对比效果如图8-65所示。

图8-64

调整前

调整后

图8-65

**阴影数量/高光数量:** 控制画面中阴影、高光的数量。

**瞬时平滑(秒):** 在调节时设置素材文件时间滤波的秒数。

**更多选项:** 可以对画面的阴影、高光和中间调等参数进行调整。

# 8.4 颜色校正类视频效果

颜色校正类视频效果可以校正剪辑画面的颜色，从而使画面呈现不同的颜色风格。

**本节重点内容**

| 重点内容 | 说明 | 重要程度 |
| --- | --- | --- |
| ASC CDL | 对画面中的红、绿、蓝通道单独进行调整 | 中 |
| Brightness & Contrast | 调整画面的亮度与对比度 | 高 |
| Lumetri颜色 | 通过多种方式调整画面的高光、阴影、色相和饱和度等信息 | 高 |
| 色彩 | 更改颜色，对图像进行颜色变换处理 | 中 |
| 颜色平衡 | 单独修改画面中的颜色 | 中 |

# 8.4.1 ASC CDL

　　ASC CDL效果可以对画面中的红、绿、蓝通道单独进行调整，从而更改画面的颜色，如图8-66所示。在"效果控件"面板中可以单独调整每个通道的偏移量，如图8-67所示。

图8-66　　　　　　　　　　　　　　　　　　　图8-67

**重要参数介绍**

**红色斜率：** 调整画面红色和蓝色的量，取值范围0~10。当小于1时画面变蓝，当大于1时画面变红。

**红色偏移：** 调整画面红色和蓝色的量，取值范围 –10~10。当小于0时画面变蓝，当大于1时画面变红。

**红色功率：** 调整画面红色和蓝色的量，取值范围0~10。当小于1时画面变红，当大于1时画面变蓝。

**绿色斜率：** 调整画面紫色和绿色的量，取值范围0~10。当小于1时画面变紫，当大于1时画面变绿。

**绿色偏移：** 调整画面紫色和绿色的量，取值范围 –10~10。当小于0时画面变紫，当大于1时画面变绿。

**绿色功率：** 调整画面紫色和绿色的量，取值范围0~10。当小于1时画面变绿，当大于1时画面变紫。

**蓝色斜率：** 调整画面黄色和蓝色的量，取值范围0~10。当小于1时画面变黄，当大于1时画面变蓝。

**蓝色偏移：** 调整画面黄色和蓝色的量，取值范围 –10~10。当小于0时画面变黄，当大于1时画面变蓝。

**蓝色功率：** 调整画面黄色和蓝色的量，取值范围0~10。当小于1时画面变蓝，当大于1时画面变黄。

**饱和度：** 调整画面颜色的饱和度。

# 8.4.2 Brightness&Contrast

　　"Brightness & Contrast"（亮度与对比度）效果可以调整画面的亮度与对比度，如图8-68所示。在"效果控件"面板中可以设置相关参数，如图8-69所示。

图8-68　　　　　　　　　　　　　　　　　　　图8-69

**重要参数介绍**

**亮度：**调节画面的明暗程度，如图8-70所示。

**对比度：**调节画面中颜色的对比度，如图8-71所示。

图8-70      图8-71

## 8.4.3 Lumetri颜色

"Lumetri颜色"效果可通过多种方式调整画面的高光、阴影、色相和饱和度等信息，类似于Photoshop中的调色工具，如图8-72所示。其"效果控件"面板如图8-73所示。

图8-72      图8-73

### 1.基本校正

"基本校正"卷展栏中的参数用于调整剪辑画面的色温、色彩、高光、阴影和饱和度等信息，如图8-74所示。

**输入LUT：**在下拉列表中可以选择软件自带的LUT调色文件，也可以加载外部的LUT文件，如图8-75所示。

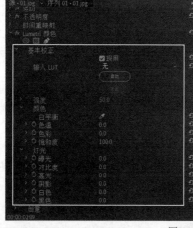

图8-74      图8-75

**自动：**单击该按钮，软件会根据画面效果自动进行颜色校正。

**白平衡：**设置画面的白平衡，一般保持默认设置。

**色温：**控制画面的色温，如图8-76所示。

**色彩：**控制画面的色调，如图8-77所示。

图8-76      图8-77

**饱和度：** 控制画面的颜色浓度。

**曝光：** 控制画面的曝光强度。

**对比度：** 控制画面明暗对比度。

**高光：** 控制画面高光部分的明暗。

**阴影：** 控制画面阴影部分的明暗。

**白色：** 控制画面亮部的明暗。

**黑色：** 控制画面暗部的明暗。

📝 **技巧与提示**

在调整时，高光/白色在视觉上可能会产生相似的效果，两者之间没有太大的区别。但是在"Lumetri 颜色"面板的曲线上，可以明显看到它们之间的区别。同样，阴影/黑色也是如此。

## 2.创意

"创意"卷展栏中的参数可以调整剪辑画面的锐化、自然饱和度、阴影和高光的颜色，以及色彩平衡等信息，如图8-78所示。

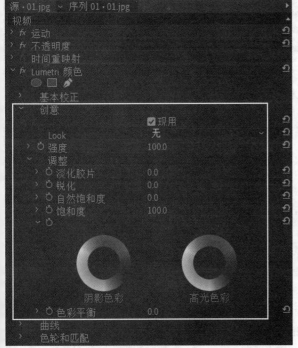

图8-78

**Look：** 在下拉列表中可以选择不同的滤镜效果。图8-79所示为两种滤镜效果。

**强度：** 控制滤镜的强度。

**淡化胶片：** 可以让画面产生胶片感，如图8-80所示。

图8-79

图8-80

**锐化：** 可以锐化画面。

**自然饱和度：** 控制画面的饱和度。

**饱和度：** 控制画面的饱和度。

📝 **技巧与提示**

相比于"饱和度"，"自然饱和度"在画面的颜色过渡上更加平缓。

**阴影色彩：** 在色轮中调整画面阴影部分的色调，如图8-81所示。

**高光色彩：** 在色轮中调整画面高光部分的色调，如图8-82所示。

图8-81　　　　　　　　　　　　　　　　图8-82

**色彩平衡：**控制两个色轮的颜色强度。

## 3.曲线

"曲线"功能通过曲线调整剪辑画面的亮度、饱和度和通道颜色等信息，如图8-83所示。

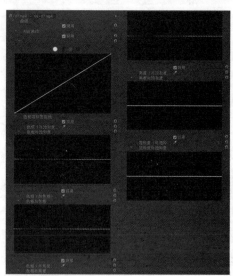

**RGB曲线：**通过曲线可以调整全图、红、绿和蓝4个通道的曲线，从而控制画面整体的明暗或3个彩色通道颜色的含量，其用法与"RGB曲线"效果的用法相同。

**色相与饱和度：**在该曲线中可以单独控制一种或多种颜色的饱和度强度，如图8-84所示。

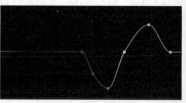

图8-83                                                                  图8-84

**色相与色相：**在该曲线中可以更改一种或多种颜色的色相，如图8-85所示。

**色相与亮度：**在该曲线中可以更改一种或多种颜色的亮度，如图8-86所示。

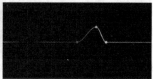

图8-85                                                                  图8-86

**亮度与饱和度：**在该曲线中可以更改画面区域的饱和度。

**饱和度与饱和度：**在该曲线中可以更改画面区域的饱和度。

## 4.色轮和匹配

"色轮和匹配"通过色轮调整剪辑画面的阴影、中间调和高光区域的颜色等信息，如图8-87所示。

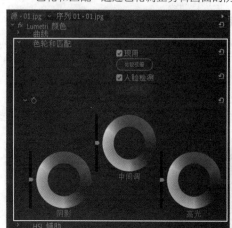

**比较视图：**单击该按钮后，节目监视器中会呈现左右两个画面，方便对比调整前后的效果。

**阴影：**通过色轮调节画面阴影部分的色调和亮度，如图8-88所示。

图8-87                                                                  图8-88

📝 **技巧与提示**

　　色轮调节区域的色调，左侧的控制器调节区域的亮度，如图8-89所示。

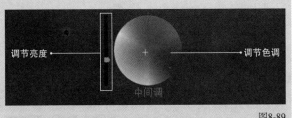

图8-89

**中间调**：通过色轮调节画面中间调部分的色调和亮度，如图8-90所示。

**高光**：通过色轮调节画面高光部分的色调和亮度，如图8-91所示。

图8-90　　　　　　　　　　　　　　　　　　　　　　　　　图8-91

# 5.HSL辅助

　　"HSL辅助"用于调整单独颜色的亮度和饱和度等信息，如图8-92所示。

**设置颜色/添加颜色/移除颜色**：设置需要更改色相的颜色范围。

**HSL**：调整拾取颜色的色相、饱和度和亮度。

**显示蒙版**：勾选该选项后会显示蒙版，如图8-93所示。蒙版中只会显示拾取的颜色范围，未拾取的颜色则显示为灰色，不受调整影响。

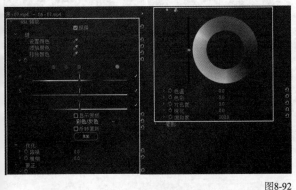

图8-92　　　　　　　　　　　　　　　　　　　　　　　　　图8-93

**反转蒙版**：勾选该选项后会反转蒙版效果，只显示未拾取的颜色范围。

**重置**：单击该按钮，会重置卷展栏中的所有设置。

**降噪**：可使蒙版的边缘更加平滑，如图8-94所示。

**模糊**：增强蒙版的模糊度，使其边缘更加柔和，如图8-95所示。

**色轮**：快速调整拾取颜色的色相，如图8-96所示。

图8-94　　　　　　　　　　　　图8-95　　　　　　　　　　　　图8-96

**色温/色彩：**通过数值调整拾取颜色的色温和色相。

**对比度：**调整拾取颜色的对比度。

**锐化：**增强拾取颜色区域的锐化效果。

**饱和度：**调整拾取颜色区域的饱和度。

## 6.晕影

"晕影"可在画面四角添加白色或黑色的晕影，如图8-97所示。

图8-97

**数量：**当该数值为正值时添加白色晕影，当该数值为负值时添加黑色晕影，如图8-98所示。

图8-98

**中点：**调整晕影的范围，如图8-99所示。

**圆度：**调整晕影的外形，如图8-100所示。

图8-99

图8-100

**羽化：**调整晕影边缘的羽化效果。

---

📝 课堂案例

## 小清新色调

| 案例文件 | 案例文件>CH08>课堂案例：小清新色调 |
| --- | --- |
| 视频名称 | 课堂案例：小清新色调.mp4 |
| 学习目标 | 掌握"Lumetri颜色"效果的使用方法 |

本案例使用"Lumetri颜色"效果将一幅图片调整为小清新风格的色调，调整前后的对比效果如图8-101所示。

调整前　　　　　　　　　　　　调整后

图8-101

01 双击"项目"面板的空白区域，在弹出的"导入"对话框中选择本书学习资源"案例文件>CH08>课堂案例：小清新色调"文件夹中的素材并导入，如图8-102所示。

图8-102

02 新建一个AVCHD 1080p25序列，将素材拖曳到轨道上并调整素材大小，如图8-103所示。效果如图8-104所示。

图8-103

图8-104

03 在"效果"面板中选择"Lumetri颜色"效果并将其拖曳到剪辑上，在"效果控件"面板中展开"基本校正"卷展栏，设置"色温"为−60，"色彩"为−20，"曝光"为0.2，"对比度"为20，"高光"为−10，"阴影"为−10，"白色"为5，"黑色"为−10，如图8-105所示。效果如图8-106所示。

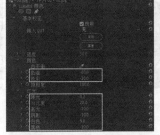

图8-105

图8-106

04 在"效果控件"面板中展开"创意"卷展栏，设置"淡化胶片"为30，"自然饱和度"为−10，如图8-107所示。效果如图8-108所示。

图8-107

图8-108

05 在"效果控件"面板中展开"色轮和匹配"卷展栏，设置"阴影"为蓝色，"中间调"为青色，"高光"为黄色，如图8-109所示。效果如图8-110所示。

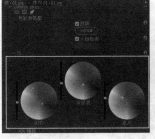

图8-109

图8-110

**06** 在"效果控件"面板中展开"曲线"卷展栏，调节"RGB曲线"的弧度，增加高光和阴影部分的亮度，如图8-111所示。案例最终效果如图8-112所示。

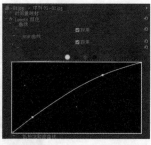

图8-111

图8-112

## 8.4.4 色彩

"色彩"效果可以通过更改颜色，对图像进行颜色变换处理。在"效果控件"面板中可以设置具体参数，如图8-113所示。

**重要参数介绍**

　　**将黑色映射到：**可以将画面中的深色变换为该颜色，如图8-114所示。

　　**将白色映射到：**可以将画面中的浅色变换为该颜色，如图8-115所示。

图8-113

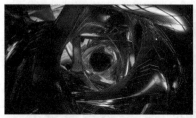

图8-114

图8-115

　　**着色量：**设置两种颜色在画面中的浓度。

## 8.4.5 颜色平衡

"颜色平衡"效果可以单独调整阴影、中间调和高光区域的红、绿、蓝通道量，在"效果控件"面板中可以设置相应的通道量，如图8-116所示。

**重要参数介绍**

　　**阴影红色平衡/阴影绿色平衡/阴影蓝色平衡：**设置阴影部分的红、绿、蓝通道量，如图8-117所示。

　　**中间调红色平衡/中间调绿色平衡/中间调蓝色平衡：**设置中间调部分的红、绿、蓝通道量，如图8-118所示。

　　**高光红色平衡/高光绿色平衡/高光蓝色平衡：**设置高光部分的红、绿、蓝通道量，如图8-119所示。

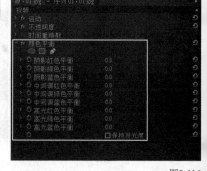

图8-116

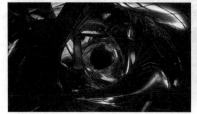

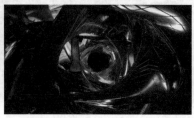
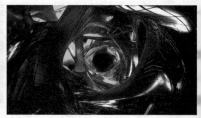

图8-117

图8-118

图8-119

# 电影色调

| 案例文件 | 案例文件>CH08>课堂案例：电影色调 |
|---|---|
| 视频名称 | 课堂案例：电影色调.mp4 |
| 学习目标 | 掌握"颜色平衡"效果的使用方法 |

本案例使用"颜色平衡"效果和Brightness & Contrast效果调整电影画面的色调，调整前后的对比效果如图8-120所示。

图8-120

**01** 双击"项目"面板的空白区域，在弹出的"导入"对话框中选择本书学习资源"案例文件>CH08>课堂案例：电影色调"文件夹中的素材并导入，如图8-121所示。

**02** 将素材文件拖曳到"时间线"面板生成序列，如图8-122所示。效果如图8-123所示。

图8-121

图8-122　　图8-123

**03** 在"效果"面板中选择Brightness & Contrast效果，并将其拖曳到剪辑上，在"效果控件"面板中设置"亮度"为15，"对比度"为5，如图8-124所示。效果如图8-125所示。

**04** 为剪辑添加"颜色平衡"效果，设置"阴影红色平衡"为-30，"阴影绿色平衡"为40，"阴影蓝色平衡"为60，"中间调红色平衡"为100，"高光红色平衡"为60，"高光绿色平衡"为30，如图8-126所示。效果如图8-127所示。

图8-124　　图8-125

图8-126　　图8-127

187

**05** 在"效果"面板中选择"裁剪"效果并将其拖曳到剪辑上，在"效果控件"面板中设置"顶部"和"底部"都为10%，如图8-128所示。此时画面更有电影的效果，如图8-129所示。

**06** 使用"文字工具" T 在画面下方输入一些文字，并设置合适的字体和大小，将颜色设置为白色，案例最终效果如图8-130所示。

图8-128　　　　　　　　　　　　　图8-129　　　　　　　　　　　　　图8-130

> **技巧与提示**
>
> 这里不对输入的文字内容做规定，读者可根据画面内容任意添加文字。

# 8.5 本章小结

通过本章的学习，相信读者对Premiere Pro的调色有了一定的认识。调色是剪辑步骤中不可或缺的一步。对导入的剪辑进行调色，可以更好地表现主题，进一步吸引观看者的视线。

# 8.6 课后习题

下面通过两个课后习题来练习本章所学的内容。

## 课后习题：柠檬气泡水

| 案例文件 | 案例文件>CH08>课后习题：柠檬气泡水 |
| --- | --- |
| 视频名称 | 课后习题：柠檬气泡水.mp4 |
| 学习目标 | 掌握多种调色效果的使用方法 |

使用"Lumetri 颜色"效果，可以为一张柠檬气泡水图片进行调色，使画面呈现清爽的效果，调整前后的对比效果如图8-131所示。

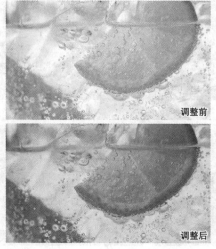

图8-131

## 课后习题：温馨朦胧画面

| 案例文件 | 案例文件>CH08>课后习题：温馨朦胧画面 |
| --- | --- |
| 视频名称 | 课后习题：温馨朦胧画面.mp4 |
| 学习目标 | 掌握多种调色效果的使用方法 |

本案例需要对一张照片进行调色，以获得温馨朦胧的画面效果，调整前后的对比效果如图8-132所示。

图8-132

# 9

## 音频效果

　　本章主要讲解 Premiere Pro的音频效果。通过对一段音频进行处理，可以模拟不同的音质，从而与相应的画面内容搭配。

### 课堂学习目标

◇　掌握常用的音频效果
◇　熟悉"基本声音"面板
◇　掌握常用的音频过渡效果

# 9.1 常用的音频效果

"音频效果"卷展栏中有50多种音频效果可供选择,每种效果所产生的声音都不相同。

**本节重点内容**

| 重点内容 | 说明 | 重要程度 |
|---|---|---|
| 吉他套件 | 模拟吉他弹奏的效果 | 高 |
| 多功能延迟 | 制作延迟的回声效果 | 中 |
| 模拟延迟 | 制作缓慢的回声效果 | 高 |
| FFT滤波器 | 音频的频率输出设置 | 中 |
| 卷积混响 | 将音频与不同环境进行混响 | 高 |
| 降噪 | 减少音频杂音 | 中 |
| 室内混响 | 模拟室内演奏的音乐混响效果 | 中 |
| 高通 | 限制音频频率 | 高 |
| 消除齿音 | 消除前期录音时产生的刺耳齿音 | 中 |

## 9.1.1 吉他套件

"吉他套件"效果能模拟吉他弹奏的效果,可以让音质发生不同的变化。在"效果控件"面板中可以设置其参数,如图9-1所示。

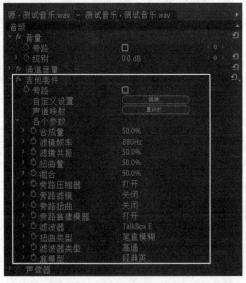

图9-1

**自定义设置:** 单击"编辑"按钮 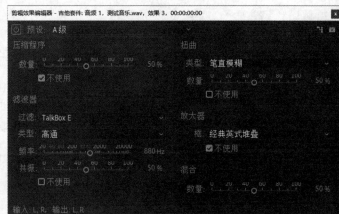 ,会弹出"剪辑效果编辑器-吉他套件"面板,如图9-2所示。在该面板中可以设置不同效果的音质。

图9-2

**各个参数:** 可以调节"合成量"、"滤镜频率"和"滤镜共振"等效果的参数。

📄 课堂案例

### 喇叭广播音效

| | |
|---|---|
| 案例文件 | 案例文件>CH09>课堂案例:喇叭广播音效 |
| 视频名称 | 课堂案例:喇叭广播音效.mp4 |
| 学习目标 | 掌握"吉他套件"效果的使用方法 |

运用"吉他套件"和"模拟延迟"两种效果,可以将一段正常的音乐转换为喇叭广播的声音效果。

**01** 双击"项目"面板的空白区域,在弹出的"导入"对话框中选择本书学习资源"案例文件>CH09>课堂案例:喇叭广播音效"文件夹中的素材并导入,如图9-3所示。

**02** 将音频素材拖曳到"时间线"面板生成序列,如图9-4所示。

 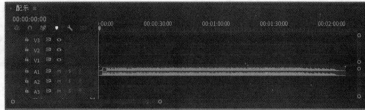

图9-3　　　　　　　　　　　　　　　　　　　　　　　　　图9-4

**03** 在"效果"面板中搜索"吉他套件"效果,并将其添加到音频剪辑上,如图9-5所示。

**04** 在"效果控件"面板中单击"编辑"按钮 ，在弹出的"剪辑效果编辑器-吉他套件"面板中设置"预设"为"驱动盒",如图9-6所示。

**05** 在"效果"面板中搜索"模拟延迟"效果,并将其添加到剪辑上,如图9-7所示。按Space键播放音频,就能听到喇叭广播的音效。

图9-5　　　　　　　　　　　图9-6　　　　　　　　　　　图9-7

> 📝 **技巧与提示**
>
> "模拟延迟"效果的具体内容,请参阅"9.1.3 模拟延迟"。

# 9.1.2 多功能延迟

"多功能延迟"效果可以在原有音频的基础上制作延迟的回声效果。在"效果控件"面板中可以设置相关参数,如图9-8所示。

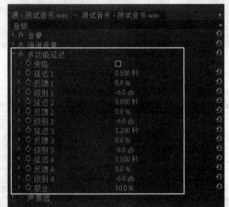

图9-8

**延迟:** 设置音频播放时的声音延迟时间。

**反馈:** 设置回声时间。

**级别:** 设置回声的强弱。

**混合:** 设置回声和原音频的混合强度。

# 9.1.3 模拟延迟

"模拟延迟"效果可以为音频制作缓慢的回声效果。在"效果控件"面板中可以设置相关参数,如图9-9所示。

**自定义设置:**

单击"编辑"按钮 ，会弹出"剪辑效果编辑器-模拟延迟"面板,如图9-10所示。

图9-9

图9-10

📭 课堂案例

## 机器人语音效果

| | |
|---|---|
| 案例文件 | 案例文件>CH09>课堂案例：机器人语音效果 |
| 视频名称 | 课堂案例：机器人语音效果.mp4 |
| 学习目标 | 掌握"模拟延迟"效果的使用方法 |

运用"模拟延迟"效果，可以模拟机器人语音的声音效果。

**01** 双击"项目"面板的空白区域，在弹出的"导入"对话框中选择本书学习资源"案例文件>CH09>课堂案例：机器人语音效果"文件夹中的素材文件并导入，如图9-11所示。

**02** 将素材文件拖曳到"时间线"面板生成序列，如图9-12所示。

图9-11

图9-12

**03** 在"效果"面板中选中"模拟延迟"效果，将其添加到剪辑上，如图9-13所示。

**04** 在"效果控件"面板中单击"编辑"按钮，在弹出的面板中设置"预设"为"机器人声音"，如图9-14所示。

**05** 按Space键播放语音，发现声音效果不是很理想。继续在面板中设置"延迟"为80ms，"劣音"为60%，如图9-15所示。

**06** 在"效果"面板中选中"音高换档器"效果，将其添加到剪辑上，如图9-16所示。按Space键播放语音，就能听到声音已经变成带延迟的机械音，类似于机器人语音效果。

图9-13

图9-14

图9-15 图9-16

## 9.1.4 FFT滤波器

"FFT滤波器"效果用于设置音频的频率输出。在"效果控件"面板中可以设置相关参数，如图9-17所示。

**旁路：** 勾选该选项后，可将调整后的音频效果还原为调整前的状态。

**自定义设置：** 单击"编辑"按钮，会弹出"剪辑效果编辑器-FFT滤波器"面板，如图9-18所示。

图9-17

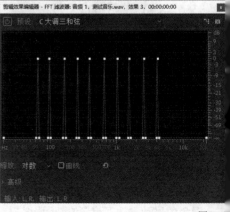
图9-18

# 9.1.5 卷积混响

"卷积混响"效果可将音频与不同环境进行混响处理，使其听起来就像是在原有环境中录制的效果。在"效果控件"面板中可以设置相关参数，如图9-19所示。

单击"编辑"按钮 [编辑] ，会弹出"剪辑效果编辑器-卷积混响"面板，如图9-20所示。在该面板中可以设置不同的场景效果。

图9-19

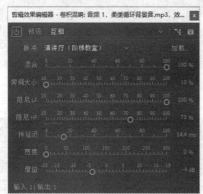

图9-20

# 9.1.6 降噪

"降噪"效果用于消除前期录音时产生的杂音或电流声。在"效果控件"面板中可以设置相关参数，如图9-21所示。

**自定义设置：** 单击"编辑"按钮 [编辑] ，在弹出的面板中可以设置不同的降噪强度，如图9-22所示。

图9-21

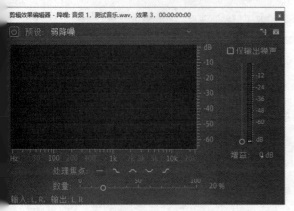

图9-22

**声道映射：** 设置声音输出的声道。

# 9.1.7 室内混响

"室内混响"效果可以模拟室内演奏的音乐混响效果。在"效果控件"面板中单击"编辑"按钮 [编辑] ，可以在弹出的"剪辑效果编辑器-室内混响"面板中选择不同的"预设"场景，如图9-23所示。

图9-23

# 9.1.8 高通

"高通"效果用于将音频的频率限制在一定数值以下。在"效果控件"面板中可以设置相关参数，如图9-24所示。

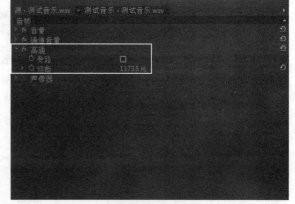

图9-24

**旁路：** 勾选该选项，可以还原原始的声音效果。

**切断：** 该数值代表声音频率的最大值。

📋 课堂案例

## 电话语音效果

案例文件　案例文件>CH09>课堂案例：电话语音效果
视频名称　课堂案例：电话语音效果.mp4
学习目标　掌握"高通"效果的使用方法

电话中传出的声音和实际的声音会有所不同，而通过"高通"效果就可以模拟这种独特的声音效果。

01 双击"项目"面板的空白区域，在弹出的"导入"对话框中选择本书学习资源"案例文件>CH09>课堂案例：电话语音效果"文件夹中的素材文件并导入，如图9-25所示。

02 将素材文件拖曳到"时间线"面板生成序列，如图9-26所示。

图9-25　　　　　　　　　　　　　　　　　　图9-26

03 在"效果"面板中搜索"高通"效果，并将其添加到剪辑上，如图9-27所示。

04 在"效果控件"面板中设置"切断"为700Hz，如图9-28所示。按Space键播放音频，就能听到声音发生了明显的变化。

图9-27　　　　　　　　　　　　　　图9-28

05 转换后的声音音量偏小。选中剪辑，单击鼠标右键，在弹出的菜单中选择"音频增益"选项，如图9-29所示。

06 在弹出的"音频增益"对话框中设置"调整增益值"为6dB，如图9-30所示。按Space键播放音频，就能听到合适音量的音频。

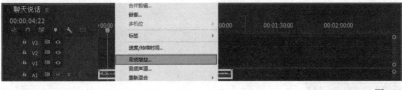

图9-29　　　　　　　　　　　　　　图9-30

## 9.1.9 消除齿音

"消除齿音"效果用来消除前期录音时产生的刺耳齿音。在"效果控件"面板中单击"编辑"按钮，会弹出"剪辑效果编辑器-消除齿音"面板，在该面板中可以设置消除齿音的相关参数，如图9-31所示。

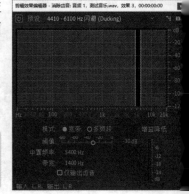

📝 技巧与提示

除了"消除齿音"效果外，"消除嗡嗡声"和"自动咔嗒声移除"效果也可用于消除前期录音时产生的杂音。而"自适应降噪"效果则可以对带有噪音的音频进行降噪处理。

图9-31

# 9.2 "基本声音"面板

"基本声音"面板可以智能地帮助用户处理音频文件，相较于添加各种声音效果，使用该面板更加简便。执行"窗口>基本声音"菜单命令，就能在软件界面的右侧打开该面板。

**本节重点内容**

| 重点内容 | 说明 | 重要程度 |
| --- | --- | --- |
| 对话 | 处理语音音频 | 高 |
| 音乐 | 处理音乐音频 | 高 |
| SFX | 制作各种音效 | 中 |
| 环境 | 制作环境音频 | 中 |

## 9.2.1 对话

选中音频剪辑，单击"对话"按钮   ，面板会切换到"对话"相关内容，如图9-32所示。

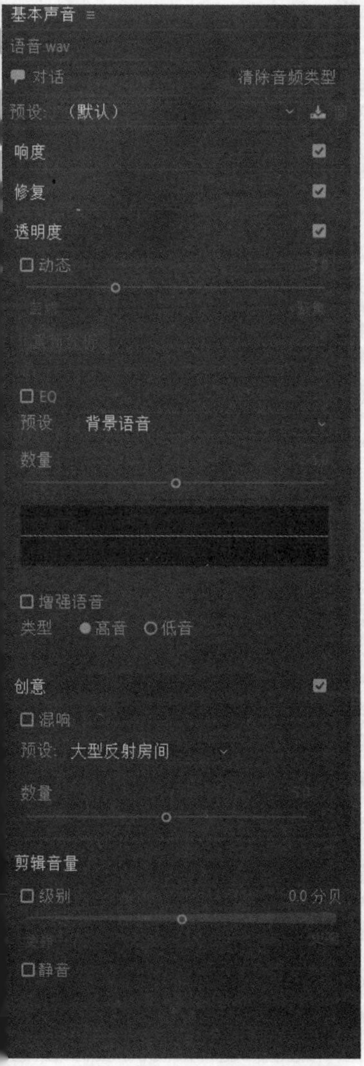

**响度：** 单击可展开卷展栏，单击"自动匹配"就能匹配合适的响度，如图9-33所示。

**修复：** 在其卷展栏中可以使用不同的音频效果消除音频中多种类型的杂声，如图9-34所示。

减少杂色：减少音频中的噪音。

降低隆隆声：减少音频中的回音。

消除嗡嗡声：减少录制音频时产生的电流音。

消除齿音：减少录制音频时产生的"咔嗒"声。

减少混响：减少录制音频时产生的混音效果，可以让声音更加清晰。

图9-33

图9-34

**透明度：** 在其卷展栏中可以调整语音的音色，如图9-35所示。

动态：勾选该选项后可以调整语音的自然度。

预设：在下拉列表中可以选择不同的语音预设，如图9-36所示。

数量：控制EQ中语音类型的强度。

增强语音：勾选该选项后可以选择需要增强的语音的高音或低音部分。

图9-32

图9-35

图9-36

**创意：** 在其卷展栏中可以选择不同的混响类型，如图9-37所示。

**剪辑音量：** 控制语音剪辑的声音大小。

静音：勾选该选项后剪辑会静音。

图9-37

## 9.2.2 音乐

选中音频剪辑，单击"音乐"按钮 ，面板会切换到"音乐"相关内容，如图9-38所示。

**预设：** 在下拉列表中可以选择音乐与语音剪辑的混合方式，如图9-39所示。

**持续时间：** 当设置"预设"为"混音为30秒"等相关混音类型时，会激活该卷展栏中的参数，设置混音的方法。

**回避：** 当设置"预设"为"平滑人声闪避"等相关闪避类型时，会激活该卷展栏中的参数，如图9-40所示。

回避依据：设置音乐回避的类型，默认为语音。

敏感度：设置音乐回避的敏感度。

闪避量：设置音乐回避时的声音大小。

淡入淡出时间：设置音乐在遇到需要回避的音频位置时的淡入淡出时长。

淡入淡出位置：当趋近于外部时，基本听不到音乐在回避的位置。当趋近于内部时，可以听到音乐在回避位置的一部分。

生成关键帧：设置完成后，单击该按钮，就能听到闪避后的音频效果。

图9-38

图9-39

图9-40

## 9.2.3 SFX

选中音频剪辑，单击SFX按钮 ，面板会切换到SFX相关内容，如图9-41所示。SFX用于制作不同类型的音效，可以提升整体音频的质感。

**预设：** 在下拉列表中可以选择不同的音效类型，如图9-42所示。

**创意：** 在其卷展栏中可以设置不同的混响类型。

预设：在下拉列表中可以选择混响的强度，如图9-43所示。

数量：设置混音的强度。

**平移：** 设置混音的位置靠近哪一侧输出。

图9-41

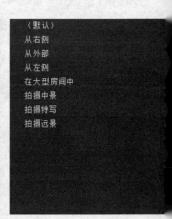

图9-42

图9-43

## 9.2.4 环境

选中音频剪辑，单击"环境"按钮 ，面板会切换到"环境"相关内容，如图9-44所示。

**预设：** 在下拉列表中可以选择环境音效的类型，如图9-45所示。

**创意：** 在其卷展栏中可以设置混响的相关参数。

混响：勾选该选项后产生混响效果。

预设：设置混响的类型，如图9-46所示。

数量：设置混响的强度。

**立体声宽度：** 在其卷展栏中可以设置立体声的宽度。

**回避：** 其用法与"音乐"中的回避相同。

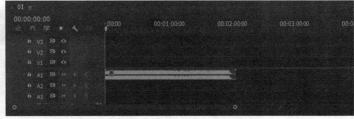

图9-44　　图9-45　　图9-46

---

## 背景音乐回避人声

| | |
|---|---|
| 案例文件 | 案例文件>CH09>课堂案例：背景音乐回避人声 |
| 视频名称 | 课堂案例：背景音乐回避人声.mp4 |
| 学习目标 | 掌握对话和音乐的使用方法 |

可以使用"对话"和"音乐"两个工具来实现自动降低背景音乐音量的功能，以避免与人声重叠。

**01** 双击"项目"面板的空白区域，在弹出的"导入"对话框中选择本书学习资源"案例文件>CH09>课堂案例：背景音乐回避人声"文件夹中的素材文件并导入，如图9-47所示。

**02** 选中01.wav素材文件，将其拖曳到"时间线"面板生成序列，如图9-48所示。

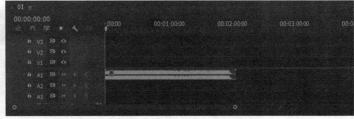

图9-47　　　　　　　　　　　　　　　图9-48

**03** 选中02.mp3素材文件，将其放置到A2轨道上，如图9-49所示。

**04** 将A2轨道上的语音按照内容裁剪为4段剪辑，然后将它们拉开一些距离摆放，如图9-50所示。

图9-49　　　　　　　　　　　　　　　图9-50

---

📝 **技巧与提示**

可以随意摆放语音剪辑的位置。读者可以录制自己喜欢的语音来替换原有的语音文件，并裁剪成需要的段落。

05 打开"基本声音"面板,选中A2轨道上所有的语音剪辑,在"基本声音"面板中单击"对话"按钮 ![对话] ,如图9-51所示。

06 选中A1轨道上的音乐剪辑,在"基本声音"面板中单击"音乐"按钮 ![音乐] ,如图9-52所示。

07 在"音乐"卷展栏中勾选"回避"选项,设置"敏感度"为5,"闪避量"为 20dB,"淡化"为500毫秒,单击"生成关键帧"按钮 ![生成关键帧] ,如图9-53所示。

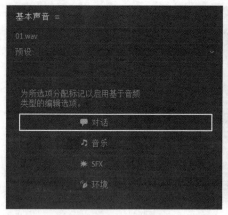

图9-51　　　　　　　　　　图9-52　　　　　　图9-53

08 按Space键播放音频,就可以听到在语音剪辑部分的背景音乐会自动消失,只保留语音,而语音剪辑之外的部分,背景音乐会自动播放。移动播放指示器到00:00:10:00的位置,裁剪并删除多余的背景音乐剪辑,如图9-54所示。

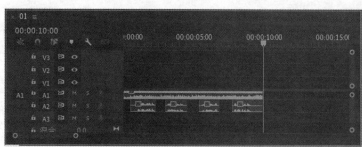

图9-54

# 9.3 音频过渡效果

音频过渡效果是指通过转场效果将同一轨道上的两段音频剪辑进行交叉过渡,使得声音能够平滑地转换。

**本节重点内容**

| 重点内容 | 说明 | 重要程度 |
|---|---|---|
| 恒定功率 | 平滑渐变的过渡 | 高 |
| 恒定增益 | 以恒定的速率更改音频进出的过渡 | 高 |
| 指数淡化 | 以指数方式自上而下淡入音频 | 中 |

## 9.3.1 恒定功率

"恒定功率"过渡效果用于平滑渐变的过渡,与视频过渡中的溶解类过渡效果类似。在"效果控件"面板中,可以设置过渡的"持续时间"等参数,如图9-55所示。

图9-55

## 9.3.2 恒定增益

"恒定增益"过渡效果是以恒定的速率更改音频进出的过渡。在"效果控件"面板中,可以设置过渡的"持续时间"等参数,如图9-56所示。

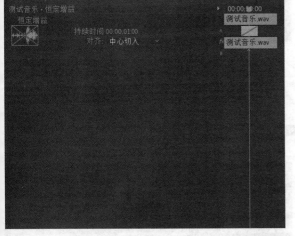

图9-56

## 9.3.3 指数淡化

"指数淡化"过渡效果是以指数方式自上而下淡入音频。在"效果控件"面板中,可以设置过渡的"持续时间"等参数,如图9-57所示。

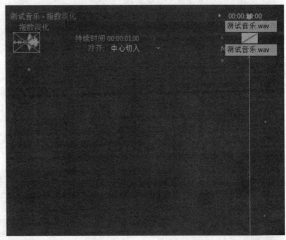

图9-57

📖 课堂案例

### 音频过渡连接音乐

| 案例文件 | 案例文件>CH09>课堂案例:音频过渡连接音乐 |
|---|---|
| 视频名称 | 课堂案例:音频过渡连接音乐.mp4 |
| 学习目标 | 掌握音频过渡效果的使用方法 |

本案例需要使用音频过渡效果来拼接两段音频。

01 双击"项目"面板的空白区域,在弹出的"导入"对话框中选择本书学习资源"案例文件>CH09>音频过渡连接音乐"文件夹中的所有素材并导入,如图9-58所示。

02 将音频素材都拖曳到"时间线"面板生成序列,如图9-59所示。

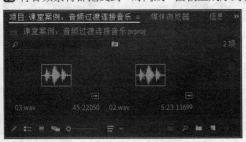

图9-58

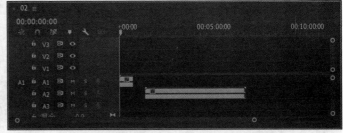

图9-59

03 开启A1轨道的"独奏轨道"按钮 s ,这样就会减少对剪辑的影响,如图9-60所示。

📝 技巧与提示

这样做的目的是为了避免02音频干扰剪辑工作。当然,读者也可以开启A1轨道的"独奏轨道" s 以实现该目的。

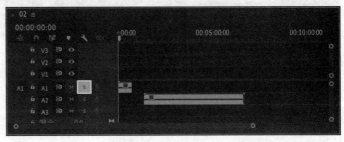

图9-60

**04** 移动播放指示器到00:00:15:05的位置，使用"剃刀工具" 对03.wav剪辑进行裁剪，如图9-61所示。

**05** 选中03.wav素材后半段剪辑，向后移动到视频素材以外的区域，并将02.wav素材移动到裁剪的位置，如图9-62所示。

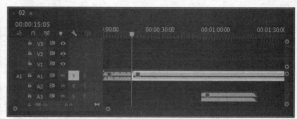

图9-61　　　　　　　　　　　　　　　　　　　　　图9-62

📝 **技巧与提示**

因为需要使用音频过渡效果，所以将02.wav素材移动到A1轨道上。

**06** 移动播放指示器到00:00:29:12的位置，使用"剃刀工具" 对02.wav剪辑进行裁剪，如图9-63所示。

**07** 将裁剪好的后半部分音频删掉，如图9-64所示。

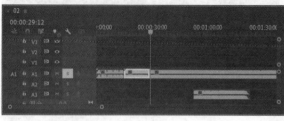
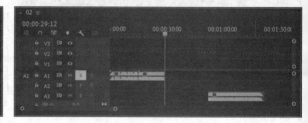

图9-63　　　　　　　　　　　　　　　　　　　　　图9-64

**08** 将03.wav素材后半部分拼接在A1轨道后方，如图9-65所示。

**09** 在"效果"面板中选择"恒定增益"过渡效果，将其拖曳到第1处音频拼合处，如图9-66所示。

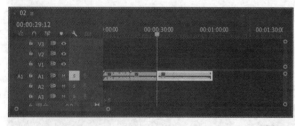

图9-65　　　　　　　　　　　　　　　　　　　　　图9-66

**10** 在"效果控件"面板中设置"持续时间"为00:00:03:00，"对齐"为"中心切入"，如图9-67所示。

**11** 在"效果"面板中选择"指数淡化"过渡效果，将其拖曳到第2处音频拼合处，如图9-68所示。

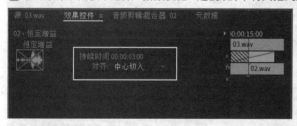
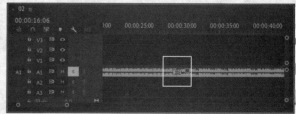

图9-67　　　　　　　　　　　　　　　　　　　　　图9-68

📝 **技巧与提示**

添加"恒定增益"过渡效果时，该效果会自动添加到第2段音频的起始位置，而非两段音频的中间位置，因此需要将"对齐"设置为"中心切入"，以确保过渡效果在两段音频中间位置生效。

⓬ 在"效果控件"面板中设置"持续时间"为00:00:
02:00,"对齐"为"中心切入",如图9-69所示。按Space
键播放音频,就可以听到音频间的过渡音效。至此,本案
例制作完成。

图9-69

# 9.4 本章小结

通过本章的学习,相信读者对Premiere Pro的音频效果有了一定的认识。通过调整音频效果可以产生不同的声音效
果。通过音频过渡效果将两段音频剪辑连接起来,就能产生平稳且自然的过渡效果。

# 9.5 课后习题

下面通过两个课后习题来练习本章所学的内容。

## 课后习题:荧光小人跳舞

| 案例文件 | 案例文件>CH09>课后习题:荧光小人跳舞 |
|---|---|
| 视频名称 | 课后习题:荧光小人跳舞.mp4 |
| 学习目标 | 掌握音频效果的使用方法 |

本案例需要使用"卷积混响"效果来调整荧光小人跳舞时的背景音乐,效果如图9-70所示。

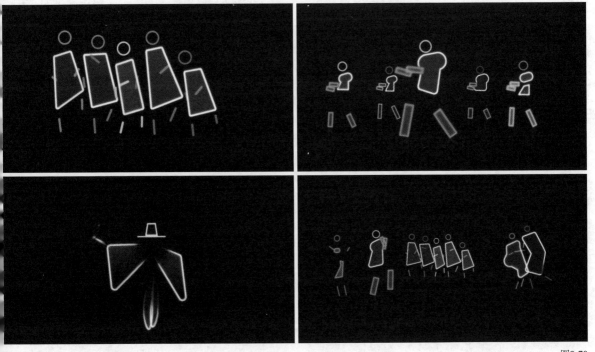

图9-70

## 课后习题：可视化音频

| | |
|---|---|
| 案例文件 | 案例文件>CH09>课后习题：可视化音频 |
| 视频名称 | 课后习题：可视化音频.mp4 |
| 学习目标 | 掌握音频过渡效果的使用方法 |

本案例需要为一段可视化音频添加背景音乐，效果如图9-71所示。

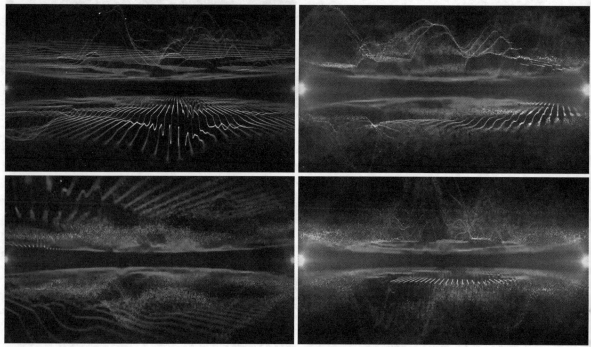

图9-71

# 第 10 章

# 输出作品

本章主要讲解 Premiere Pro 中输出作品的方法。当完成视频和音频的制作后，需要将它们合成并输出为一个单独的可播放文件。

## 课堂学习目标

◇　掌握导出设置方法

◇　掌握常用的文件格式

# 10.1 导出设置

视频编辑完成后，就需要将其导出为需要的文件。选中"时间线"面板，在界面上单击"导出"按钮或按快捷键Ctrl+M就可以切换到"导出"界面，如图10-1所示。

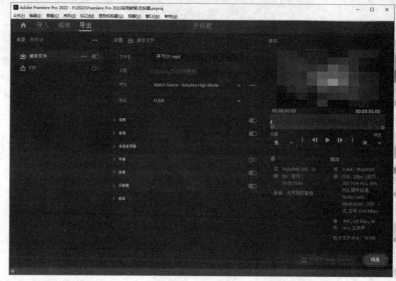

> 📝 **技巧与提示**
>
> 相较于以往的版本，Premiere Pro 2022在"导出"界面上做了一些调整。

图10-1

# 10.1.1 设置

在"设置"选项卡中可以设置导出文件的名称、路径和格式等信息，如图10-2所示。

**文件名：** 设置输出文件的名称。

**位置：** 设置输出文件的保存路径。

**预设：** 设置输出文件的尺寸等相关预设类型。

**格式：** 在下拉列表中可以选择不同的格式类型，如图10-3所示。

图10-2

| AAC 音频 | H.264 蓝光 | |
|---|---|---|
| AIFF | JPEG | |
| Apple ProRes MXF OP1a | JPEG2000 MXF OP1a | |
| AS-10 | MP3 | |
| AS-11 | MPEG2 | |
| AVI | MPEG2 蓝光 | QuickTime |
| AVI（未压缩） | MPEG2-DVD | Targa |
| BMP | MPEG4 | TIFF |
| DNxHR/DNxHD MXF OP1a | MXF OP1a | Windows Media |
| DPX | OpenEXR | Wraptor DCP |
| GIF | P2 影片 | 动画 GIF |
| H.264 | PNG | 波形音频 |

图10-3

> 📝 **技巧与提示**
>
> Premiere Pro提供了多种视频和音频格式，但在实际工作中用到的格式不多。下面简单介绍一些常用的视频和音频格式。
>
> **AVI：** 导出后生成AVI格式的视频文件，体积较大，输出较慢。
>
> **H.264：** 导出后生成MP4格式的视频文件，体积适中，输出较快，运用范围广。
>
> **QuickTime：** 导出后生成MOV格式的视频文件，适用于苹果系统播放器。
>
> **Windows Media：** 导出后生成WMV格式的视频文件，适用于微软系统播放器。
>
> **MP3：** 导出后生成MP3格式的音频文件，是一种常用的音频格式。

## 10.1.2 视频

在"视频"卷展栏中可以设置导出视频画面的相关信息，如图10-4所示。

**匹配源：** 单击该按钮，可以将序列的相关信息与素材的信息统一。

**帧大小：** 设置画幅的大小。

**场序：** 设置画面扫描方式。

**长宽比：** 设置画面像素长宽比。

**使用最高渲染质量：** 勾选该选项后，软件会以最高质量渲染视频。

**仅渲染Alpha通道：** 勾选该选项后，软件只渲染Alpha通道的内容，原有的画面内容不会渲染。

图10-4

## 10.1.3 音频

在"音频"卷展栏中可以设置输出音频的相关属性，如图10-5所示。

**音频格式：** 设置输出音频的格式，默认为AAC，也可以选择MPEG。

**音频编解码器：** 设置音频文件的编码解码方式。

**采样率：** 设置录音设备在单位时间内对模拟信号采样的多少，采样频率越高，机械波的波形就越真实、越自然。

**声道：** 设置输出音频的声道，如图10-6所示。

**比特率：** 设置音频每秒传送的比特(bit)数。比特率越高，传送数据的速度越快。

图10-5

## 10.1.4 字幕

在"字幕"卷展栏中可针对导出的文字进行相关参数的调整，如图10-7所示。

**导出选项：** 设置字幕的导出类型。

**文件格式：** 设置字幕的导出格式。

**帧速率：** 设置每秒钟的字幕帧数。

图10-7

## 10.1.5 效果

在"效果"卷展栏中可以为输出的视频添加一些额外的效果，如图10-8所示。

图10-8

**Lumetri Look/LUT：** 在该卷展栏中可以添加Lumetri滤镜或LUT调色文件。

**SDR遵从情况：** 在该卷展栏中可以调整视频画面的亮度和对比度等。

**图像叠加：** 在该卷展栏中可以加载其他图片，常用于添加水印。

**名称叠加：** 在该卷展栏中可以添加文字内容，并将其显示在画面上，如图10-9所示。

**时间码叠加：** 在该卷展栏中可以设置时间码效果，如图10-10所示。

图10-9

图10-10

## 10.1.6 常规

"常规"卷展栏可以帮助用户设置导出文件的其他信息，如图10-11所示。

**导入项目中：** 将视频导入指定的项目中。

**使用预览：** 如果已经生成预览，勾选此选项后所使用的渲染时间将会减少。

**使用代理：** 将使用代理提升输出速度。

图10-11

## 10.1.7 预览

在"预览"选项卡中可以预览输出的画面内容，设置输出范围并输出文件，如图10-12所示。

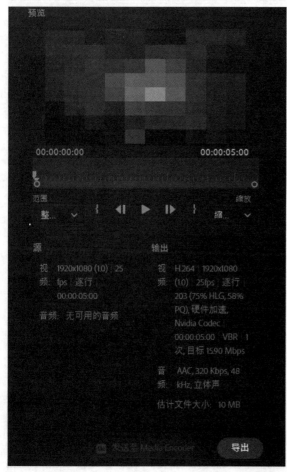

图10-12

**范围：** 在下拉列表中可以设置输出的时间范围，如图10-13所示。

**导出：** 单击该按钮，即可输出文件。

图10-13

**■ 知识点：Adobe Media Encoder**

图10-12中"发送至Media Encoder"按钮处于灰色状态，代表计算机没有安装Adobe Media Encoder 2022软件。Adobe Media Encoder 2022可以批量输出Premiere Pro和After Effects的工程文件。在旧版本中，如果要输出MP4格式的文件，必须安装该软件才可以输出，但是Premiere Pro 2022中自带输出MP4格式的H.264选项，不需要单独安装该软件。

# 10.2 渲染常用的视频格式

本节将通过案例为读者讲解常用视频、音频格式的设置和渲染方法。

**课堂案例**

### 输出MP4格式视频文件

| 案例文件 | 案例文件>CH10>课堂案例：输出MP4格式视频文件 |
| --- | --- |
| 视频名称 | 课堂案例：输出MP4格式视频文件.mp4 |
| 学习目标 | 掌握MP4格式文件的输出方法 |

本案例用一个制作好的项目文件进行渲染输出，生成MP4格式的视频文件，效果如图10-14所示。

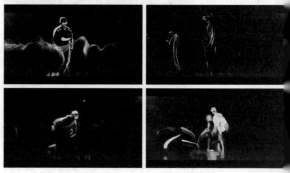

图10-14

01 打开本书学习资源"案例文件>CH10>课堂案例：输出MP4格式视频文件"文件夹中的工程文件，如图10-15所示。

02 单击界面上方的"导出"按钮，切换到"导出"界面，如图10-16所示。

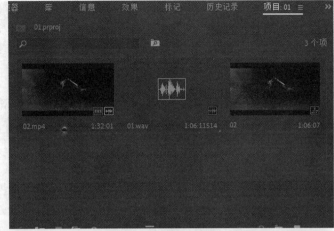

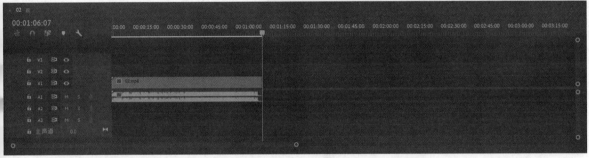

图10-15

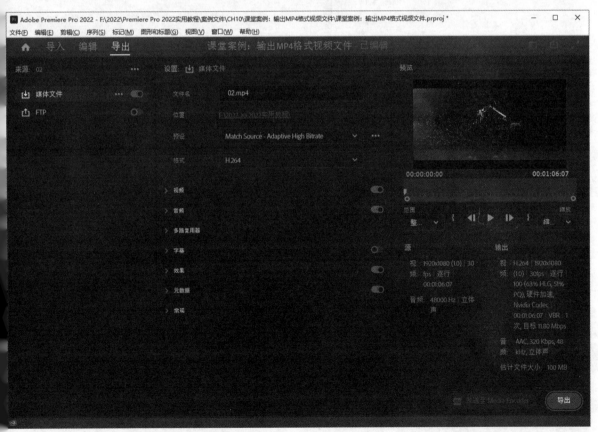

图10-16

**03** 在"设置"中设置导出文件的名称和路径,设置"格式"为H.264,如图10-17所示。

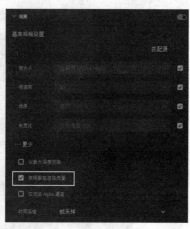

图10-17　　　　　　　　　　　　　　　　　图10-18

**04** 在"视频"中勾选"使用最高渲染质量"选项,如图10-18所示。

**05** 单击右下角的"导出"按钮，系统会弹出对话框,显示渲染的进度,如图10-19所示。

图10-19

**06** 渲染完成后,就可以在之前保存路径的文件夹里找到渲染完成的MP4格式的视频,如图10-20所示。

**07** 在视频中随意截取4帧画面,效果如图10-21所示。

图10-20

图10-21

🔲 课堂案例

# 输出AVI格式视频文件

| 案例文件 | 案例文件>CH10>课堂案例:输出AVI格式视频文件 |
| --- | --- |
| 视频名称 | 课堂案例:输出AVI格式视频文件.mp4 |
| 学习目标 | 掌握AVI格式文件的输出方法 |

　　本案例对一个制作好的项目文件进行渲染输出,生成AVI格式的视频文件,效果如图10-22所示。

图10-22

**01** 打开本书学习资源"案例文件>CH10>课堂案例：输出AVI格式视频文件"文件夹中的工程文件，如图10-23所示。

**02** 单击软件界面上方的"导出"按钮，切换到"导出"界面，如图10-24所示。

图10-23

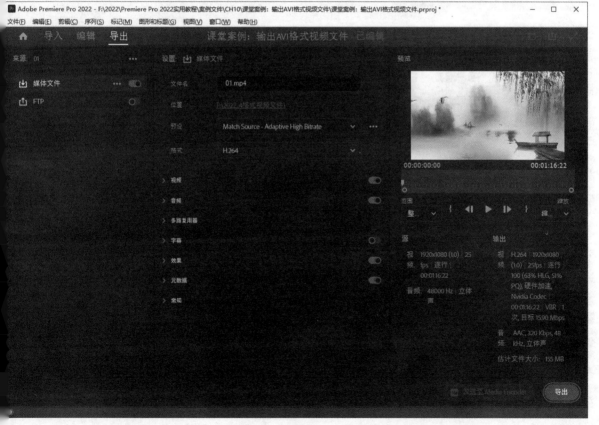

图10-24

**03** 在"设置"中设置导出文件的名称和路径，设置"格式"为AVI，如图10-25所示。

**04** 在"视频"卷展栏中设置"视频编解码器"为Microsoft Video 1，设置"帧大小"为"全高清（1920×1080）"，"长宽比"为"方形像素（1.0）"，如图10-26所示。

📝 **技巧与提示**

"格式"下拉列表中还有一种AVI（未压缩）格式，相较于AVI格式，AVI（未压缩）格式的文件更大。

图10-25

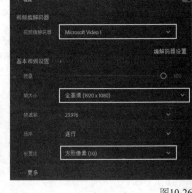

图10-26

**05** 单击界面右下角的"导出"按钮 ，系统会弹出对话框，显示渲染的进度，如图10-27所示。相较于MP4格式，AVI格式文件的导出速度明显较慢。

**06** 渲染完成后，就可以在之前保存路径的文件夹里找到渲染完成的AVI格式视频，如图10-28所示。

图10-27

图10-28

**07** 在视频中随意截取4帧画面，效果如图10-29所示。

图10-29

📖 **课堂案例**

## 输出GIF格式视频文件

| 案例文件 | 案例文件>CH10>课堂案例：输出GIF格式视频文件 |
| --- | --- |
| 视频名称 | 课堂案例：输出GIF格式视频文件.mp4 |
| 学习目标 | 掌握GIF格式文件的输出方法 |

本案例用一个制作好的项目文件进行渲染输出，生成GIF格式的视频文件，效果如图10-30所示。

图10-30

01 打开本书学习资源"案例文件>CH10>课堂案例：输出GIF格式视频文件"文件夹中的工程文件，如图10-31所示。

02 单击软件界面上方的"导出"按钮 导出 ，切换到"导出"界面，如图10-32所示。

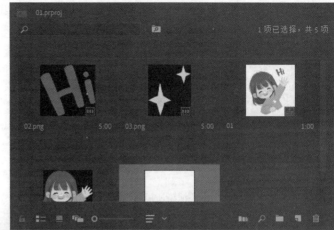

图10-31

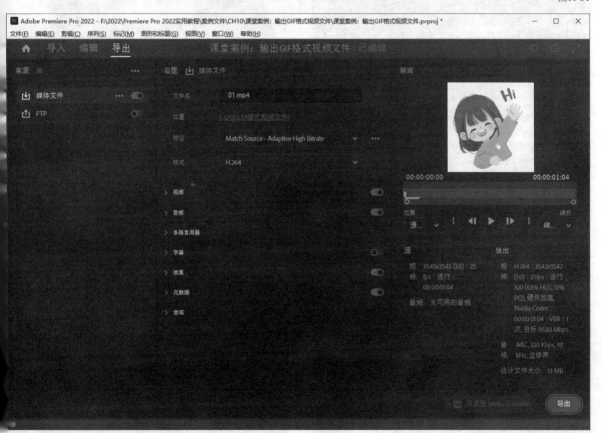

图10-32

**03** 在"设置"中设置导出文件的名称和路径，设置"格式"为"动画GIF"，如图10-33所示。

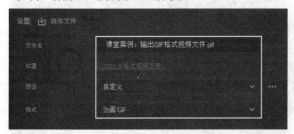

图10-33

**04** 在"视频"中勾选"使用最高渲染质量"选项，如图10-34所示。

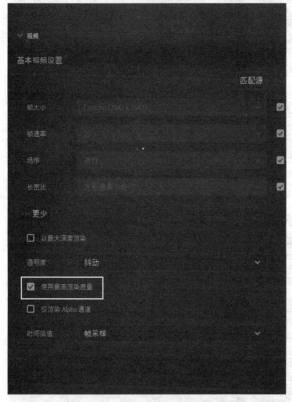

图10-34

**05** 单击界面右下角的"导出"按钮，系统会弹出对话框，显示渲染的进度，如图10-35所示。

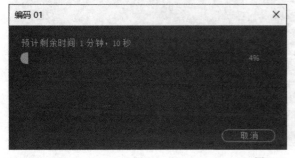

图10-35

**06** 渲染完成后，就可以在之前保存路径的文件夹里找到渲染完成的GIF格式的动图，如图10-36所示。

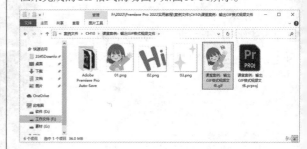

图10-36

**07** 在动图中随意截取4帧画面，效果如图10-37所示。

图10-37

📖 课堂案例

**输出单帧图片**

| | |
|---|---|
| 案例文件 | 案例文件>CH10>课堂案例：输出单帧图片 |
| 视频名称 | 课堂案例：输出单帧图片.mp4 |
| 学习目标 | 掌握单帧图片的输出方法 |

本案例用一个制作好的项目文件进行渲染输出，生成JPG格式的单帧图片，效果如图10-38所示。

图10-38

⓵ 打开本书学习资源中的"案例文件>CH10>课堂
案例：输出单帧图片"文件，如图10-39所示。
⓶ 单击软件界面上方的"导出"按钮 导出，切换到
"导出"界面，如图10-40所示。

图10-39

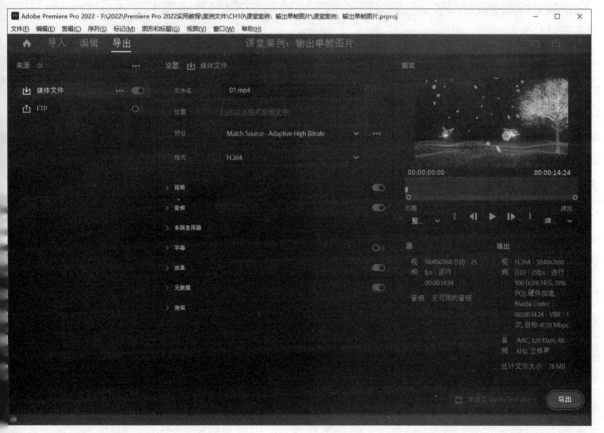

图10-40

**03** 在"设置"中设置导出文件的名称和路径,设置"格式"为JPEG,如图10-41所示。

图10-41

**04** 在"视频"中取消勾选"导出为序列"选项,如图10-42所示。单击"导出"按钮 导出 即可开始渲染。

图10-42

📝 **技巧与提示**

导出单帧图片时,系统会弹出对话框显示渲染的进度,但渲染的速度非常快,对话框可以忽略。

**05** 渲染完成后,就可以在之前保存路径的文件夹里找到渲染完成的单帧图片,如图10-43所示。最终效果如图10-44所示。

图10-43

图10-44

📁 课堂案例

# 输出MP3格式音频文件

| | |
|---|---|
| 案例文件 | 案例文件>CH10>课堂案例:输出MP3格式音频文件 |
| 视频名称 | 课堂案例:输出MP3格式音频文件.mp4 |
| 学习目标 | 掌握音频文件的输出方法 |

本案例用一个制作好的项目文件进行渲染输出,生成MP3格式的音频文件,案例效果如图10-45所示。

**01** 打开本书学习资源"案例文件>CH10>课堂案例:输出MP3格式音频文件"文件夹中的工程文件,如图10-46所示。

图10-45

图10-46

**02** 单击软件界面上方的"导出"按钮 <sup>导出</sup>，切换到"导出"界面，如图10-47所示。

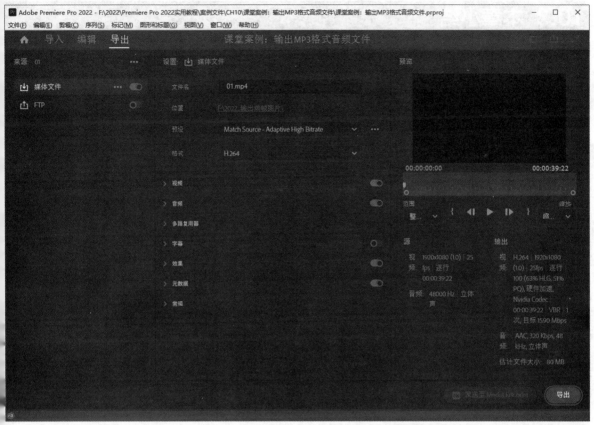

图10-47

**03** 在"设置"中设置导出文件的名称和路径，设置"格式"为MP3，如图10-48所示。单击界面右下角的"导出"按钮 <sup>导出</sup> 即可开始渲染。

**04** 渲染完成后，就可以在之前保存路径的文件夹里找到渲染完成的音频文件，如图10-49所示。

图10-48

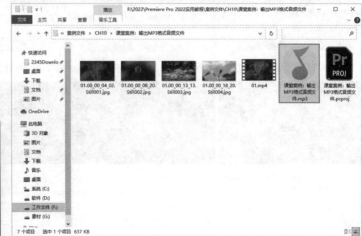

图10-49

**05** 在案例文件的视频中随意截取4帧画面，效果如图10-50所示。

图10-50

## 10.3 本章小结

通过本章的学习，相信读者对Premiere Pro的输出方法有了一定的认识。输出是使用Premiere Pro必须掌握的技能，请读者务必多加练习。

## 10.4 课后习题

下面通过两个课后习题来练习本章所学的内容。

### 课后习题：输出炫酷倒计时视频

案例文件　案例文件>CH10>课后习题：输出炫酷倒计时视频
视频名称　课后习题：输出炫酷倒计时视频.mp4
学习目标　掌握视频的输出方式

本案例需要将一个炫酷的倒计时序列输出为MP4格式的视频，效果如图10-51所示。

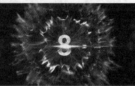

图10-51

### 课后习题：输出动感摇滚音频

案例文件　案例文件>CH10>课后习题：输出动感摇滚音频
视频名称　课后习题：输出动感摇滚音频.mp4
学习目标　掌握音频的输出方式

本案例需要将一段动感摇滚视频输出为MP3格式的音频文件，视频效果如图10-52所示。

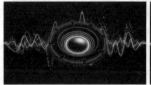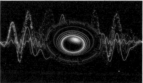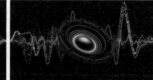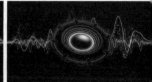

图10-52

第 **11** 章

# 综合案例

　　本章会将前面学习的内容进行汇总，制作了 5 个综合案例。这些案例的视频制作内容都是日常生活中常见的类型，在制作上有一定的难度，读者可结合案例视频进行学习。

## 课堂学习目标

◇　掌握快闪类视频的制作方法

◇　掌握婚庆类视频的制作方法

◇　掌握企业宣传类视频的制作方法

◇　掌握栏目包装的制作方法

◇　掌握电子相册的制作方法

# 11.1 案例实训：动感快闪 视频

| | |
|---|---|
| 案例文件 | 案例文件>CH11>案例实训：动感快闪视频 |
| 视频名称 | 案例实训：动感快闪视频.mp4 |
| 学习目标 | 掌握快闪类视频的制作方法 |

本案例制作一段长度为10秒的快闪视频，需要配合快节奏的音乐进行踩点。不仅要排列图片和转场特效，还要制作文字内容，案例效果如图11-1所示。案例分为图片排列和转场特效两部分。

图11-1

## 11.1.1 图片排列

**01** 新建一个项目，将本书学习资源"案例文件>CH11>案例实训：动感快闪视频"文件夹中的素材文件全部导入"项目"面板中，并对其进行分类归纳，如图11-2所示。

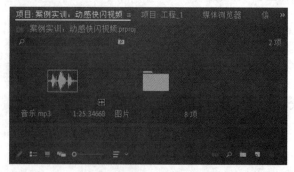

图11-2

**02** 新建一个AVCHD 1080p25序列，先将音频文件拖曳到"时间线"面板中，如图11-3所示。

图11-3

**03** 现有的音频文件太长，需要将其剪掉一部分。移动播放指示器到00:00:10:00的位置，使用"剃刀工具" 将其裁剪为2段，并删掉后半部分，如图11-4所示。

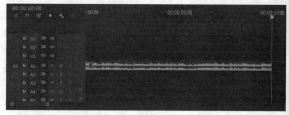

图11-4

**04** 按Space键播放音频，根据音乐的重音节奏添加7个标记，如图11-5所示。

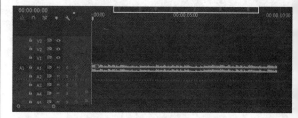

图11-5

📝 **技巧与提示**

重音标记的位置仅供参考，读者可根据自己的理解添加标记。

**05** 移动播放指示器到00:00:09:10的位置，在"效果控件"面板中添加"级别"关键帧，保持音乐的音量，如图11-6所示。

图11-6

**06** 移动播放指示器到剪辑末尾，设置"级别"为–281.1dB，如图11-7所示。这样就能制作出渐隐的音频效果。

图11-7

**07** 打开"图片"素材箱，将501053469.jpg素材文件拖曳到V1轨道，并调整剪辑的长度，使其末尾与第一个标记处于同一位置，如图11-8所示。效果如图11-9所示。

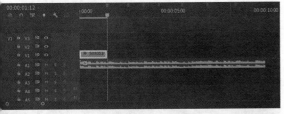

图11-8

图11-9

**08** 将"图片"素材箱中的其他素材文件都拖曳到V1轨道上，按照标记之间的距离调整剪辑的长度，如图11-10所示。

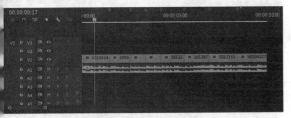

图11-10

📝 **技巧与提示**

笔者按照素材在素材箱中的显示顺序进行排列，读者可根据自己的喜好排列素材。

**09** 在第2张素材图片上输入"动感快闪"，设置"字体"为"字魂5号-无外润黑体"，"字体大小"为200，"填充"颜色为白色，如图11-11所示。效果如图11-12所示。

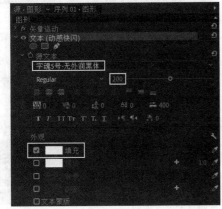

图11-11

图11-12

📝 **技巧与提示**

文字剪辑的长度与下方图片素材剪辑的长度相同。

**10** 在第3张图片上输入文字"节奏"，文字的参数与步骤09的设置相同，如图11-13所示。

**11** 在第4张图片上输入文字"唯美"，将文字的"填充"颜色修改为粉红色，如图11-14所示。

图11-13

图11-14

## 11.1.2 转场特效

**01** 选中第1段图片剪辑，在剪辑起始位置设置"缩放"为200，并添加关键帧，如图11-15所示。效果如图11-16所示。

图11-15

图11-16

02 移动播放指示器到剪辑末尾，设置"缩放"为100，如图11-17所示。效果如图11-18所示。

图11-17

图11-18

03 将两个关键帧调整为"缓入"和"缓出"，然后调整速度曲线，如图11-19所示。

图11-19

04 选中第2段图片剪辑，在起始位置设置"缩放"为120，并添加关键帧，如图11-20所示。效果如图11-21所示。

图11-20

图11-21

05 移动播放指示器到00:00:02:03的位置，设置"缩放"为180，如图11-22所示。效果如图11-23所示。

图11-22

图11-23

06 移动播放指示器到剪辑末尾，设置"缩放"为130，如图11-24所示。效果如图11-25所示。

图11-24

图11-25

技巧与提示

与步骤03相同，需要将"缩放"关键帧调整为"缓入"和"缓出"，并调整速度曲线。在后面的剪辑中，不再赘述该步骤，请读者按相同的方法处理。

07 选中第3段图片剪辑，为其添加"偏移"效果，在00:00:02:20的位置添加"将中心移位至"关键帧，如图11-26所示。

图11-26

08 移动播放指示器到00:00:03:06的位置，设置"将中心移位至"为（2980，-5024.5），如图11-27所示。此时画面表现为向上移动的动画效果。

图11-27

09 继续在剪辑上添加"方向模糊"效果，在00:00:02:20的位置添加"模糊长度"关键帧，如图11-28所示。

图11-28

10 移动播放指示器到00:00:03:00的位置，设置"模糊长度"为180，如图11-29所示。效果如图11-30所示。

图11-29

图11-30

11 移动播放指示器到00:00:03:06的位置，设置"模糊长度"为0，如图11-31所示。

12 选中第4段图片剪辑，在剪辑起始位置设置"缩放"为180，"旋转"为-30°，并为这两个参数添加关键帧，如图11-32所示。效果如图11-33所示。

图11-31

图11-32

图11-33

13 移动播放指示器到该剪辑的末尾，设置"缩放"为130，"旋转"为0°，如图11-34所示。效果如图11-35所示。

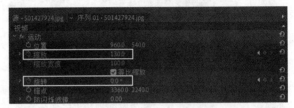

图11-34

图11-35

14 在该剪辑上添加"高斯模糊"效果，并在起始位置设置"模糊度"为100，并添加关键帧，如图11-36所示。效果如图11-37所示。

图11-36

图11-37

221

⓯ 移动播放指示器到00:00:03:21的位置，设置"模糊度"为0，如图11-38所示。效果如图11-39所示。

图11-38

图11-39

⓰ 移动播放指示器到00:00:04:24的位置，将第6段剪辑移动到V2轨道，并延长剪辑起始位置到播放指示器的位置，如图11-40所示。

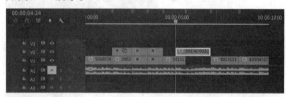

图11-40

⓱ 选中第5段剪辑，在00:00:04:24的位置添加"位置"关键帧，然后移动播放指示器到剪辑末尾，设置"位置"为（260,540），如图11-41所示。效果如图11-42所示。

图11-41

图11-42

📝 **技巧与提示**

这一步暂时隐藏了V2轨道的剪辑，以便观察下方剪辑的画面效果。

⓲ 继续向后移动会发现画面是黑色的。延长第5段剪辑的末尾，使其始终显示在画面中，如图11-43所示。

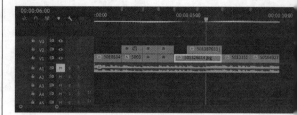

图11-43

⓳ 选中V2轨道上的第6段剪辑，在剪辑起始位置移动素材到画面右侧外部，并添加关键帧，如图11-44所示。

图11-44

⓴ 移动播放指示器到00:00:05:12的位置，设置"位置"为（1571,540），如图11-45所示。效果如图11-46所示。

图11-45

图11-46

㉑ 移动播放指示器到00:00:05:18的位置，添加一个相同参数的"位置"关键帧，在00:00:06:00的位置设置"位置"为（960,540），如图11-47所示。效果如图11-48所示。

图11-47

图11-48

㉒ 移动播放指示器到00:00:06:10的位置，添加"缩放"和"旋转"的关键帧，如图11-49所示。

图11-49

㉓ 移动播放指示器到00:00:06:21的位置，设置"缩放"为200，"旋转"为30°，如图11-50所示。效果如图11-51所示。

图11-50

图11-51

㉔ 选中第7段剪辑，在剪辑起始位置设置"缩放"为200，"旋转"为–30°，并为这两个参数添加关键帧，如图11-52所示。效果如图11-53所示。

图11-52

图11-53

㉕ 选中"动感快闪"剪辑，为其添加"线性擦除"效果，在00:00:01:20的位置设置"过渡完成"为100%，并添加关键帧，设置"擦除角度"为–90°，如图11-54所示。

图11-54

㉖ 在00:00:02:04的位置设置"过渡完成"为0%，如图11-55所示。效果如图11-56所示。

图11-55

图11-56

㉗ 选中第3段图片剪辑，在"效果控件"面板中复制"偏移"和"方向模糊"两种效果，将其粘贴到"节奏"剪辑的"效果控件"面板中，如图11-57所示。粘贴效果后，文字会随着画面一起移动、模糊，如图11-58所示。

图11-57

223

图11-58

❷❽ 选中"唯美"文字剪辑,移动播放指示器到00:00:03:21的位置,设置"不透明度"为0%,并添加关键帧,如图11-59所示。

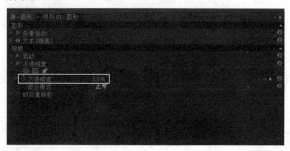

图11-59

❷❾ 移动播放指示器到00:00:04:02的位置,设置"不透明度"为100%,如图11-60所示。效果如图11-61所示。

图11-60

图11-61

❸⓪ 在"效果"面板中搜索"急摇"过渡效果,将其添加到第1段和第2段图片剪辑的中间位置,如图11-62所示。

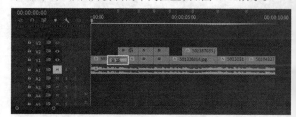

图11-62

❸❶ 在"效果控件"面板中设置"持续时间"为00:00:00:10,如图11-63所示。效果如图11-64所示。

图11-63　　　　　　　　　图11-64

❸❷ 在第7段剪辑和第8段剪辑的中间位置添加"推"过渡效果,如图11-65所示。

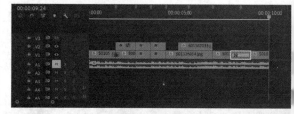

图11-65

❸❸ 在"效果控件"面板中设置过渡方向为"自北向南","持续时间"为00:00:00:10,如图11-66所示。效果如图11-67所示。

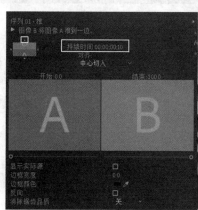

图11-66

图11-67

34 单击界面上方的"导出"按钮 导出 ，切换到"导出"界面，如图11-68所示。

图11-68

35 在"设置"中设置"格式"为H.264，并设置输出视频的名称和路径，如图11-69所示。

36 在"视频"中勾选"使用最高渲染质量"选项，如图11-70所示。

图11-69          图11-70

37 单击界面右下角的"导出"按钮 导出 即可开始渲染，系统会弹出对话框，显示渲染的进度，如图11-71所示。

38 渲染完成后，就可以在之前保存路径的文件夹里找到渲染完成的MP4格式视频，如图11-72所示。

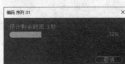

图11-71

图11-72

39 在视频中随意截取4帧画面，效果如图11-73所示。

图11-73

# 11.2 案例实训：婚礼开场视频

| | |
|---|---|
| 案例文件 | 案例文件>CH11>案例实训：婚礼开场视频 |
| 视频名称 | 案例实训：婚礼开场视频.mp4 |
| 学习目标 | 掌握婚庆类视频的制作方法 |

本案例制作一段婚礼庆典的开场视频，需要运用遮罩素材制作画面过渡效果，如图11-74所示。

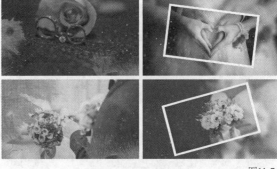

图11-74

## 11.2.1 镜头01

01 导入本书学习资源"案例文件>CH11>案例实训：婚礼开场视频"文件夹中的素材文件，并按照文件类型进行分组，如图11-75所示。

图11-75

225

02 新建一个AVCHD 1080p25序列，将"图片"素材箱中的500645324.jpg素材文件拖曳到V1轨道上，并调整图片的大小，如图11-76所示。效果如图11-77所示。

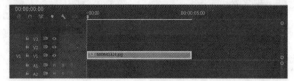

图11-76

图11-77

03 在"特效"素材箱中选中"纹理.jpg"文件，将其拖曳到V2轨道上，如图11-78所示。效果如图11-79所示。

图11-78

图11-79

04 将"遮罩.mov"素材添加到V3轨道上，如图11-80所示。

图11-80

05 "遮罩.mov"剪辑要比其下方两个图片剪辑长。选中该剪辑，在"剪辑速度/持续时间"对话框中设置"持续时间"为00:00:05:00，如图11-81和图11-82所示。

图11-81

图11-82

06 在"效果"面板中选择"轨道遮罩键"，将其添加到V2轨道的剪辑上，设置"遮罩"为"视频3"，"合成方式"为"亮度遮罩"，如图11-83所示。效果如图11-84所示。

图11-83

图11-84

技巧与提示
"视频3"代表V3轨道上的剪辑。

07 选中3个轨道上的所有剪辑，将其转换为"嵌套序列"，并命名为"镜头-01"，如图11-85所示。

图11-85

## 11.2.2 镜头02

01 在"图片"素材箱中选择500537005.jpg素材文件，将其添加到V2轨道上，如图11-86所示。调整画面的大小，效果如图11-87所示。

图11-86                                图11-87

02 新建一个白色的"颜色遮罩"，将其添加到V1轨道上，如图11-88所示。

图11-88

03 选中V2轨道的剪辑，在"效果控件"面板中取消勾选"等比缩放"选项，设置"缩放高度"为92，"缩放宽度"为95，如图11-89所示。效果如图11-90所示。

图11-89

图11-90

04 将两个轨道的剪辑选中后转换为"嵌套序列"，并命名为"相框01"，如图11-91所示。

图11-91

05 将"相框01"剪辑移动到V2轨道，在其下方添加500537005.jpg文件，如图11-92所示。

图11-92

06 选中"相框01"剪辑，设置"缩放"为60，"旋转"为7°，如图11-93所示。效果如图11-94所示。

图11-93

图11-94

07 选中V1轨道的500537005.jpg剪辑，为其添加"高斯模糊"效果，设置"模糊度"为60，如图11-95所示。效果如图11-96所示。

图11-95

图11-96

08 选中V1轨道和V2轨道的剪辑，将其转换为"嵌套序列"，命名为"镜头02"，如图11-97所示。

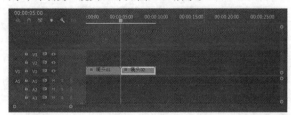

图11-97

### 11.2.3 镜头03

01 在"项目"面板中复制"镜头01"嵌套序列，重命名为"镜头03"，如图11-98所示。

图11-98

02 将"镜头03"嵌套序列添加到V1轨道上，如图11-99所示。

图11-99

03 双击"图片"素材箱中的500524816.jpg图片文件，在源监视器中打开，如图11-100所示。

图11-100

04 双击"镜头03"剪辑，选中V1轨道的剪辑，单击鼠标右键，在弹出的菜单中选择"使用剪辑替换>从源监视器"选项，如图11-101所示。这样就能将原有的图片替换为在源监视器中打开的图片，如图11-102所示。

05 在"效果控件"面板中调整"缩放"参数，使图片覆盖整个画面，如图11-103所示。

图11-101

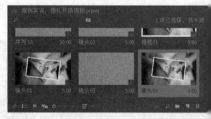

图11-102　　　　图11-103

### 11.2.4 其他镜头

01 在"项目"面板中复制"镜头02"嵌套序列，重命名为"镜头04"，如图11-104所示。

图11-104

02 将"镜头04"嵌套序列添加到V1轨道上，如图11-105所示。

图11-105

03 在源监视器中打开500969386.jpg素材文件，如图11-106所示。

图11-10

**04** 按照11.2.3小节中步骤04所述的方法替换"镜头04"中的图片,替换好的效果如图11-107所示。

**05** 在"镜头04"剪辑中,使用500524816.jpg素材文件替换V1轨道上的图片,如图11-108所示。

图11-107

图11-108

📝 技巧与提示

在进行这一步时需要注意,需要在"项目"面板中复制粘贴"相框01",并将其命名为"相框02",然后将其替换到"镜头04"中的"相框01"位置。如果直接在"相框01"中替换图片,会同时修改"镜头02"中的图片效果。

**06** 在"效果控件"面板中修改"相框02"的"旋转"为-15°,如图11-109所示。效果如图11-110所示。这样"镜头04"与"镜头02"之间就会产生差异,从而使画面看起来更加丰富多彩。

图11-109

图11-110

**07** 在"项目"面板中复制"镜头03"并命名为"镜头05",然后将其添加到V1轨道上,如图11-111所示。

图11-111

**08** 在源监视器中打开500690606.jpg素材文件,如图11-112所示。

图11-112

**09** 双击"镜头05"剪辑,将V1轨道上的剪辑替换为500690606.jpg素材文件,如图11-113所示。效果如图11-114所示。

图11-113

图11-114

## 11.2.5 镜头合成

**01** 选中"镜头02"剪辑,在剪辑起始位置设置"缩放"为120,并添加关键帧,如图11-115所示。效果如图11-116所示。

图11-115

图11-116

**02** 移动到该剪辑的末尾,设置"缩放"为100,如图11-117所示。效果如图11-118所示。

图11-117

图11-118

**03** 选中"镜头04"剪辑，在剪辑起始位置设置"缩放"为120，并添加关键帧，如图11-119所示。效果如图11-120所示。

图11-119

图11-120

**04** 在该剪辑的末尾设置"缩放"为100，如图11-121所示。效果如图11-122所示。

图11-121

图11-122

**05** 在"特效"素材箱中选中"光效49489.mp4"素材文件，将其添加到V2轨道上，放在"镜头01"和"镜头02"两个剪辑的中间位置，如图11-123所示。

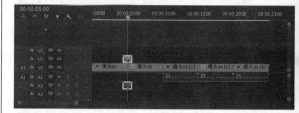

图11-123

**06** 选中上一步添加的光效剪辑，设置"混合模式"为"滤色"，如图11-124所示。效果如图11-125所示。

图11-124

图11-125

**07** 按住Alt键将调整后的光效剪辑移动并复制到其他剪辑的中间位置，如图11-126所示。

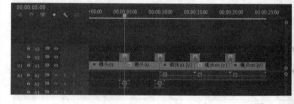

图11-126

**08** 选中"粒子37505.mov"素材文件，将其添加到V3轨道上，如图11-127所示。效果如图11-128所示。

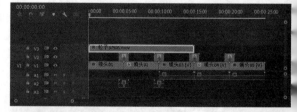

图11-127

图11-128

09 将粒子剪辑也复制一份,使其与下方剪辑的长度相同,如图11-129所示。

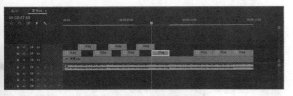

图11-129

10 选中07.jpg剪辑,在"效果控件"面板中设置"位置"为(960,−14),"旋转"为0°,如图11-130所示。

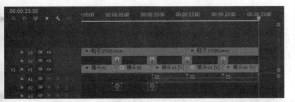

图11-130

11 在两个粒子剪辑的相接位置添加"交叉溶解"过渡效果,如图11-131所示。这样可以使粒子动画更加流畅。

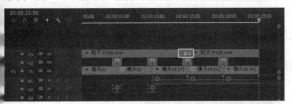

图11-131

12 在A1轨道上添加"项目"面板中的"背景音乐20389.wav"素材文件,如图11-132所示。

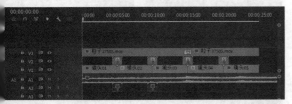

图11-132

📝 技巧与提示

如果A1轨道上存在与视频剪辑相关联的音频空剪辑,可以使用背景音乐的素材进行覆盖。

13 使用"剃刀工具" ◼ 裁剪音频剪辑并将多余的部分删除,如图11-133所示。

图11-133

14 移动播放指示器到00:00:21:05的位置,选中音频剪辑,并添加"级别"关键帧,如图11-134所示。

图11-134

15 在音频剪辑的末尾,设置"级别"为−281.1dB,如图11-135所示。这样就可以制作出音量逐渐减小的效果。

图11-135

## 11.2.6 渲染输出

01 单击界面上方的"导出"按钮 导出 ,切换到"导出"界面,如图11-136所示。

图11-136

02 在"设置"中设置"格式"为H.264,并设置输出视频的名称和路径,如图11-137所示。

03 在"视频"中勾选"使用最高渲染质量"选项,如图11-138所示。

图11-137

图11-138

04 单击界面右下角的"导出"按钮 导出 即可开始渲染,系统会弹出对话框,显示渲染的进度,如图11-139所示。

图11-139

**05** 渲染完成后，就可以在之前保存路径的文件夹里找到渲染完成的MP4格式视频，如图11-140所示。

图11-140

**06** 在视频中随意截取4帧画面，效果如图11-141所示。

图11-141

# 11.3 案例实训：企业年会视频

| | |
|---|---|
| 案例文件 | 案例文件>CH11>案例实训：企业年会视频 |
| 视频名称 | 案例实训：企业年会视频.mp4 |
| 学习目标 | 掌握企业宣传类视频的制作方法 |

本案例运用多种素材叠加的方式，合成一个较为复杂的企业年会视频，效果如图11-142所示。

图11-142

## 11.3.1 开场片头

**01** 在"项目"面板中导入本书学习资源"案例文件>CH11>案例实训：企业年会视频"文件夹中所有的素材文件，并按照文件类型进行分组，如图11-143所示。

图11-143

**02** 新建一个AVCHD 1080p25序列，将"特效"素材箱中的"舞台背景.mov"素材文件添加到V1轨道上，如图11-144所示。

图11-144

**03** 使用"文本工具"在画面中输入"梦想起航"，设置"字体"为"字魂55号-龙吟手书"，"字体大小"为230，"填充"为白色，如图11-145所示。效果如图11-146所示。

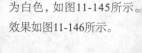

图11-145          图11-146

**04** 将文字剪辑移动到V3轨道，在V2轨道上添加"文字材质.mp4"素材文件，如图11-147所示。

图11-147

**05** 在"文字材质.mp4"剪辑上添加"轨道遮罩键"效果，设置"遮罩"为"视频3"，"合成方式"为"Alpha遮罩"，如图11-148所示。效果如图11-149所示。

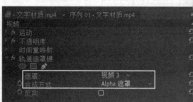

图11-148

图11-149

　　文字作为遮罩的轮廓，颜色为白色就可以使用Alpha遮罩。

06 选中文字剪辑，使用"文字工具" T 在原有文字下方输入"2022年会开幕盛典"，在"效果控件"面板中设置"字体"为"字魂105号-简雅黑"，"字体大小"为130，"字距调整"为100，如图11-150所示。效果如图11-151所示。

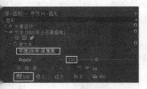

图11-150　　　　　　　　图11-151

07 在V4轨道上添加"特效"素材箱中的"开场.mp4"素材文件，如图11-152所示。

图11-152

　　原有的"开场.mp4"素材文件中有一个附带的音频轨道，取消视频和音频之间的链接后，需要删掉附带的音频剪辑。

08 选中"开场.mp4"剪辑，设置"混合模式"为"滤色"，如图11-153所示。效果如图11-154所示。

图11-153　　　　　　　　图11-154

09 在V5轨道添加"特效"素材箱中的"灯光转场.mp4"素材文件，并设置剪辑的"混合模式"为"滤色"，如图11-155所示。效果如图11-156所示。

图11-155　　　　　　　　图11-156

10 删掉多余的"文字材质.mp4"剪辑，然后将其与文字进行嵌套，并命名为"开场片头"，如图11-157和图11-158所示。

图11-157

图11-158

## 11.3.2 展示图片01

01 选中"图片"素材箱中的500634068.jpg素材文件，将其添加到V2轨道上，如图11-159所示。效果如图11-160所示。

图11-159

图11-160

02 将"特效"素材箱中的"边框.mp4"素材文件添加到V3轨道上，如图11-161所示。效果如图11-162所示。

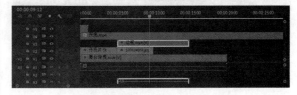

图11-161

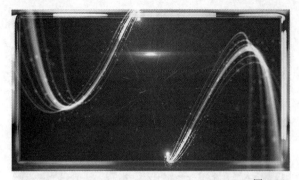

图11-162

03 在"效果"面板中选择"颜色键"效果,将其添加到
"边框.mp4"素材上,设置"主要颜色"为背景的蓝色,
"颜色容差"为100,"羽化边缘"为5,如图11-163所示。
效果如图11-164所示。

图11-163

图11-164

04 删掉多余的"边框.mp4"剪辑,使其与下方的图片剪
辑长度相同,如图11-165所示。

图11-165

05 将"边框.mp4"剪辑与下方的图片剪辑进行嵌套,重
命名为"展示图片01",如图11-166所示。

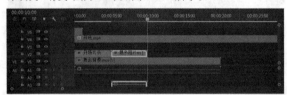
图11-166

06 双击打开"展示图片01"剪辑,将内部的两个剪辑再
次嵌套,命名为01,如图11-167所示。

图11-167

07 选中01剪辑,设置"缩放"为40,如图11-168所示。效
果如图11-169所示。

图11-168

图11-169

08 将01剪辑向下复制到V1轨道,为其添加"基本3D"效
果,设置"倾斜"为180°,然后设置"位置"为
(960,980),"不透明度"为
15%,如图11-170所示。效
果如图11-171所示。

图11-170

图11-171

09 将画面中的素材都向右侧移动一段距离,效果如
图11-172所示。

10 使用"文字工具" T在画面左侧的空白处输入"年度
优秀员工",设置"字体"为"字魂105号-简雅黑",效果
如图11-173所示。

图11-172

图11-173

📝 技巧与提示

在这一步中,请务必将文字的颜色设置为白色,对于
其他信息没有具体要求。

11 将"文字材质.mp4"剪辑放在文字剪辑的下方,为其
添加"轨道遮罩键"效果,设置"遮罩"为"视频4",如
图11-174所示。效果如图11-175所示。

图11-174

图11-175

12 返回"序列01",移动播放指示器到00:00:06:10的位置,
此时画面中出现亮光,可以作为转场的效果,将"展示图
片01"剪辑的起始位置移动到该处,如图11-176所示。

图11-176

⑬ 复制V5轨道的剪辑，将其末尾移动到00:00:06:10的位置，如图11-177所示。

图11-177

　　这一步中"灯光转场.mp4"剪辑的位置并不是固定的，读者可根据自己的想法灵活处理。

⑭ 返回01剪辑，调整人像图片的宽度，使其与边框的空隙处吻合，调整好的效果如图11-178所示。

图11-178

## 11.3.3 展示图片02

① 在"项目"面板中复制"展示图片01"和01这两个嵌套序列，并重命名为"展示图片02"和02，如图11-179所示。

图11-179

② 移动播放指示器到00:00:12:15的位置，此时画面正好出现亮光效果，将"展示图片02"嵌套序列添加到V2轨道上，如图11-180所示。

图11-180

③ 双击打开"展示图片02"剪辑，在"项目"面板中选中02嵌套序列，接着选中V1和V2轨道上的两个01剪辑，单击鼠标右键，在弹出的菜单中选择"使用剪辑替换>从素材箱"选项，如图11-181所示。此时就将原有的01剪辑替换为"项目"面板中的02嵌套序列，并且保留原有剪辑的属性。

图11-181

④ 双击打开02剪辑，将原有的500634068.jpg图片替换为500347165.jpg，效果如图11-182所示。

⑤ 返回"展示图片02"剪辑，将文字内容修改为"年度突出贡献员工"，如图11-183所示。

图11-182　　　　图11-183

⑥ 对调图片和文字的位置，使镜头产生一些变化，效果如图11-184所示。

图11-184

⑦ 返回"序列01"中，将V5轨道的剪辑向右复制一份，并将其末尾移动到00:00:12:15的位置，如图11-185所示。画面最终效果如图11-186所示。

图11-185

图11-186

### 11.3.4 展示图片03

01 复制"展示图片02"和02这两个嵌套序列,重命名为"展示图片03"和03,效果如图11-187所示。

图11-187

02 移动播放指示器到00:00:18:20的位置,将"展示图片03"添加到V2轨道上,如图11-188所示。

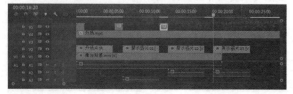

图11-188

03 选中V5轨道的剪辑,向右复制一份,并将剪辑末尾移动到00:00:18:20的位置,如图11-189所示。

图11-189

04 V1轨道上的"舞台背景.mov"剪辑长度小于"展示图片03"剪辑,将"舞台背景.mov"剪辑向右复制一份,如图11-190所示。

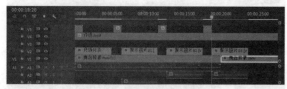

图11-190

05 双击打开"展示图片03"剪辑,将原有的02剪辑替换为"项目"面板中的03嵌套序列,如图11-191所示。

图11-191

06 双击打开03剪辑,将500347165.jpg剪辑替换为"项目"面板中的501534312.jpg图片,如图11-192所示。效果如图11-193所示。

07 返回"展示图片03",将文字内容修改为"年度优秀团队",如图11-194所示。

图11-192

图11-193

图11-194

08 调整文字和图片的位置,使其与其他两个剪辑有所差别,如图11-195所示。返回"序列01",效果如图11-196所示。

图11-195

图11-196

### 11.3.5 镜头动画

01 为"开场片头"剪辑添加"基本3D"效果,在剪辑起始位置设置"不透明度"为0%,"与图像的距离"为100,并添加两个参数的关键帧,如图11-197所示。此时画面中不会显示文字内容。

02 移动播放指示器到00:00:01:03的位置,设置"不透明度"为100%,"与图像的距离"为0,如图11-198所示。效果如图11-199所示。

图11-197

图11-198

图11-199

**03** 移动播放指示器到00:00:04:12的位置，设置"与图像的距离"为 –10，如图11-200所示。效果如图11-201所示。

**04** 在剪辑的末尾，设置"与图像的距离"为 –100，如图11-202所示。此时文字完全移出画面。

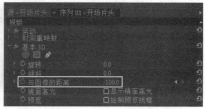

图11-200　　　　　　　　　　图11-201　　　　　　　　　　图11-202

**05** 选中"开场片头"剪辑，按快捷键Ctrl+C复制，然后选中"展示图片01"剪辑，单击鼠标右键，在弹出的菜单中选择"粘贴属性"选项，如图11-203所示。在弹出的对话框中勾选"不透明度"和"基本3D"两个选项，如图11-204所示。

图11-203　　　　　　　　　　　　　　图11-204

**06** 移动播放指示器，可以看到"展示图片01"剪辑也具有与"开场片头"剪辑相同的动画效果，如图11-205所示。

图11-205

**07** 按照步骤05所述的方法，将"开场片头"的动画关键帧复制并粘贴到"展示图片02"和"展示图片03"这两个剪辑上，动画效果如图11-206和图11-207所示。

图11-206

图11-207

08 将"项目"面板中的音频素材添加到A1轨道上,如图11-208所示。

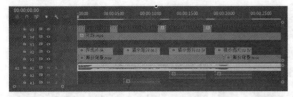

图11-208

09 移动播放指示器到00:00:24:00的位置,删掉多余的剪辑,如图11-209所示。

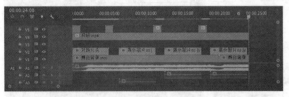

图11-209

10 移动播放指示器到00:00:20:00的位置,为音频剪辑添加"级别"关键帧,然后在剪辑末尾设置"级别"为−281.1dB,如图11-210所示。

图11-210

## 11.3.6 渲染输出

01 单击界面上方的"导出"按钮,切换到"导出"界面,如图11-211所示。

图11-211

02 在"设置"中设置"格式"为H.264,并设置输出视频的名称和路径,如图11-212所示。

图11-212

03 在"视频"中勾选"使用最高渲染质量"选项,如图11-213所示。

图11-213

04 单击界面右下角的"导出"按钮即可开始渲染,系统会弹出对话框,显示渲染的进度,如图11-214所示。

图11-214

05 渲染完成后,就可以在之前保存路径的文件夹里找到渲染完成的MP4格式视频,如图11-215所示。

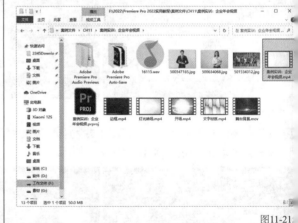

图11-215

06 在视频中随意截取4帧画面,效果如图11-216所示。

图11-216

图11-220　　　　　　　　　　　图11-221

**04** 在矩形剪辑上添加"斜面Alpha"效果，设置"边缘厚度"为20，"光照角度"为30°，"光照强度"为0.5，如图11-222所示。效果如图11-223所示。

图11-222　　　　　　　　　　　图11-223

**05** 对视频剪辑进行裁剪并删除多余的部分，使两个剪辑的长度都保持为5秒，然后将两个剪辑嵌套，命名为01，如图11-224和图11-225所示。

图11-224

图11-225

**06** 将01剪辑移动到V2轨道上，并设置"缩放"为80，然后在V1轨道上添加57761.mp4素材文件，如图11-226所示。效果如图11-227所示。

图11-226

 **技巧与提示**

根据整体的画面效果，将黑色边框的"描边宽度"调整为60。

图11-227

# 11.4 案例实训：旅游节目片尾视频

| | |
|---|---|
| 案例文件 | 案例文件>CH11>案例实训：旅游节目片尾视频 |
| 视频名称 | 案例实训：旅游节目片尾视频.mp4 |
| 学习目标 | 掌握栏目包装的制作方法 |

本案例制作一档旅游节目的片尾视频，需要将视频分成两个镜头进行制作，并添加相应的文字和图形动画，效果如图11-217所示。

图11-217

## 11.4.1 镜头01

**01** 打开本书学习资源中的"案例文件>CH11>案例实训：旅游节目片尾视频"文件夹，将所有素材导入"项目"面板中，如图11-218所示。

图11-218

**02** 新建一个AVCHD 1080p25序列，将57761.mp4素材文件拖曳到"时间线"面板中，如图11-219所示。效果如图11-220所示。

**03** 使用"矩形工具"□沿着画面的边缘绘制一个边框，设置"描边"颜色为黑色，"描边宽度"为100，如图11-221所示。

图11-219

07 为V1轨道上的剪辑添加"高斯模糊"效果，设置"模糊度"为100，如图11-228所示。效果如图11-229所示。

图11-228 　　　　　　　　　　　图11-229

08 使用"矩形工具" ▣ 在黑色边框的左上角绘制一个圆角矩形，设置"填充"颜色为紫色，"描边"颜色为黑色，"描边宽度"为10，如图11-230所示。

09 将圆角矩形复制一份，修改"填充"颜色为黄色，如图11-231所示。

图11-230 　　　　　　　　　　　图11-231

10 使用"文字工具" T 在圆角矩形中输入"下期预告"，设置"字体"为"汉仪综艺体简"，"字体大小"为108，"填充"颜色为白色，"描边"颜色为黑色，"描边宽度"为10，如图11-232所示。效果如图11-233所示。

11 继续使用"文字工具" T 在画面右下方输入"近郊短途旅行好去处"，设置"字体大小"为140，"填充"颜色为黄色，效果如图11-234所示。

图11-232

图11-233 　　　　　　　　　　　图11-234

12 选中01剪辑，在起始位置设置"缩放"为0，并添加关键帧，如图11-235所示。

图11-235

13 在00:00:01:00的位置，设置"缩放"为80，将关键帧调整为"缓入"和"缓出"，并适当调整速度曲线，如图11-236所示。

图11-236

14 在00:00:01:00的位置设置紫色的圆角矩形剪辑的"不透明度"为0%，在00:00:01:10的位置设置其"不透明度"为100%，效果如图11-237所示。

图11-237

15 在00:00:01:10的位置设置黄色的圆角矩形剪辑的"不透明度"为0%，在00:00:01:20的位置设置其"不透明度"为100%，效果如图11-238所示。

图11-238

16 在00:00:01:20的位置设置"下期预告"剪辑的"不透明度"为0%，在00:00:02:05的位置设置其"不透明度"为100%，效果如图11-239所示。

图11-239

⓱ 在"近郊短途旅行好去处"剪辑上添加"线性擦除"效果，在00:00:02:05的位置设置"过渡完成"为100%，并添加关键帧，然后设置"擦除角度"为-100°，如图11-240所示。此时画面中的文字消失。

⓲ 在00:00:03:00的位置，设置"过渡完成"为0%，如图11-241所示。效果如图11-242所示。

图11-240 　　　　　　　　　图11-241

图11-242

## 11.4.2 镜头02

⓵ 对V1轨道上的剪辑进行裁剪，并删除多余的部分，将57760.mp4素材文件添加到V1轨道上，如图11-243所示。

图11-243

⓶ 使用"钢笔工具" 在画面下方绘制一个黑色的矩形，并调整矩形的形态，如图11-244所示。

⓷ 将矩形剪辑向上一个轨道复制一份，修改"填充"颜色为黄色，并使其与黑色的矩形产生一定的距离，如图11-245所示。

图11-244 　　　　　　　　　图11-245

⓸ 将两个色块旋转-90°，使其竖向显示，如图11-246所示。

⓹ 调整黄色矩形的"不透明度"为80%，黑色矩形的"不透明度"为50%，调整好的效果如图11-247所示。

图11-246 　　　　　　　　　图11-247

⓺ 使用"文字工具" 在黄色矩形上方输入文字内容，如图11-248所示。

> **技巧与提示**
>
> 读者可以直接复制案例文件中的文档内容并粘贴到软件中，也可以自行确定所输入的文字内容。

图11-248

⓻ 选中黑色矩形剪辑，在00:00:05:20的位置添加"位置"关键帧，使其位置保持不变，如图11-249所示。

图11-249

⓼ 移动到该剪辑的起始位置，将矩形向右移出画面，如图11-250所示。动画效果如图11-251所示。

图11-250 　　　　　　　　　图11-251

⓽ 选中黄色矩形剪辑，在00:00:06:00的位置添加"位置"关键帧，使其保持原位，如图11-252所示。

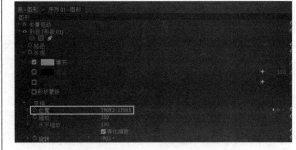

图11-252

⑩ 移动播放指示器到00:00:05:10的位置,将黄色矩形向右移出画面,如图11-253所示。动画效果如图11-254所示。

图11-253      图11-254

⑪ 选中文字剪辑,在"基本图形"面板中勾选"滚动"选项,设置"预卷"为00:00:01:05,如图11-255所示。动画效果如图11-256所示。

图11-255      图11-256

**技巧与提示**

"预卷"的时长代表文字滚动的时间与剪辑起始时间之间的差值。底部两个色块的动画总时长为1秒,设定"预卷"的数值后,可以避免在色块还没完全出现时就显示文字信息。

⑫ 将"背景音乐.mp4"素材文件添加到A1轨道上,如图11-257所示。

图11-257

⑬ 使用"剃刀工具" 对音频剪辑进行裁剪并删除多余的部分,如图11-258所示。

图11-258

⑭ 在00:00:08:15的位置添加音频剪辑的"级别"关键帧,然后在剪辑末尾将"级别"的值调到最低,形成渐隐的音频效果,如图11-259所示。

图11-259

### 11.4.3 渲染输出

① 单击界面上方的"导出"按钮 ,切换到"导出"界面 ,如图11-260所示。

图11-260

② 在"设置"中设置"格式"为H.264,并设置输出视频的名称和路径,如图11-261所示。

③ 在"视频"中勾选"使用最高渲染质量"选项,如图11-262所示。

图11-261      图11-262

**04** 单击界面右下角的"导出"按钮  即可开始渲染，系统会弹出对话框，显示渲染的进度，如图11-263所示。

图11-263

**05** 渲染完成后，就可以在之前保存路径的文件夹里找到渲染完成的MP4格式视频，如图11-264所示。

图11-264

**06** 在视频中随意截取4帧画面，效果如图11-265所示。

图11-265

# 11.5 案例实训：宠物电子相册

| | |
|---|---|
| 案例文件 | 案例文件>CH11>案例实训：宠物电子相册 |
| 视频名称 | 案例实训：宠物电子相册.mp4 |
| 学习目标 | 掌握电子相册的制作方法 |

本案例将制作一套宠物电子相册，需要为宠物素材添加背景和音乐，案例效果如图11-266所示。

图11-266

## 11.5.1 镜头01

**01** 打开本书学习资源中的"案例文件>CH11>案例实训：宠物电子相册"文件夹，将所有素材导入"项目"面板中，如图11-267所示。

图11-267

**02** 新建一个AVCHD 1080p25序列，将"过渡"素材箱中的Transition_1.mov素材文件拖曳到V1轨道上，如图11-268所示。

图11-268

**03** 选中轨道上的剪辑，单击鼠标右键，在弹出的菜单中选择"嵌套"选项，在弹出的"嵌套序列名称"对话框中设置"名称"为"镜头01"，如图11-269所示。

图11-269

**04** 双击打开"镜头01"嵌套序列，在V2轨道上添加500638156.jpg素材文件，如图11-270所示。效果如图11-271所示。

图11-270

图11-271

05 图片的尺寸与序列大小不符，选中500638156.jpg剪辑，单击鼠标右键，在弹出的菜单中选择"缩放为帧大小"选项，效果如图11-272所示。

06 在"效果控件"面板中设置"缩放"为120，就可以遮住左右两侧的黑边，如图11-273所示。

图11-272　　　　　　　　　　图11-273

07 图片完全覆盖了下方的过渡视频，选中500638156.jpg剪辑，将其移动到00:00:00:10的位置，如图11-274所示。

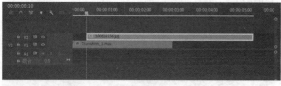

图11-274

08 在00:00:00:10的位置设置"缩放"为150%，移动播放指示器到00:00:03:00的位置，设置"缩放"为120%，此时图片就会呈现从大到小的过渡效果，如图11-275所示。

图11-275

09 选中V1轨道的剪辑，按住Alt键将其向上复制到V3轨道，使其与V2轨道的剪辑在同一起始位置，如图11-276所示。效果如图11-277所示。

图11-276

图11-277

10 选中V2轨道的剪辑，按住Alt键将其向上复制到V4轨道，并移动其起始位置到00:00:00:15的位置，如图11-278所示。

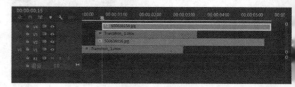

图11-278

11 选中V4轨道的01.jpg剪辑，在00:00:00:15的位置设置"缩放"为147.7，如图11-279所示。

图11-279

> **技巧与提示**
>
> 向上复制的剪辑会携带原有剪辑的关键帧信息。查看V2轨道15帧的缩放数值，就能确定V4轨道15帧的相应数值。保持相同的缩放数值可以避免画面出现卡顿的情况。

12 将V3轨道的剪辑向上复制到V5轨道，并设置与V4轨道的剪辑相同的起始位置，如图11-280所示。

图11-280

13 此时不同轨道的剪辑相互遮挡，需要将其进行一定的融合。选中V2轨道的剪辑，为其添加"轨道遮罩键"效果，设置"遮罩"为"视频3"，如图11-281所示。效果如图11-282所示。

图11-281

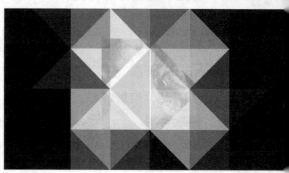

图11-282

🔟 选中V4轨道的剪辑,为其添加"轨道遮罩键"效果,设置"遮罩"为"视频5",如图11-283所示。效果如图11-284所示。至此,镜头01制作完成。

图11-283

图11-284

## 11.5.2 镜头02

01 镜头02的制作方法与镜头01的制作方法大致相同。将Transition_2.mov素材文件放在"序列01"的V2轨道上,移动其起始位置到00:00:02:00的位置,如图11-285所示。

图11-285

02 选中上一步添加的剪辑,对其进行嵌套,并设置"名称"为"镜头02",如图11-286所示。

图11-286

03 双击打开"镜头02"序列,为Transition_2.mov剪辑添加"色彩"视频效果,设置"将白色映射到"为黄色,如图11-287所示。效果如图11-288所示。

图11-287

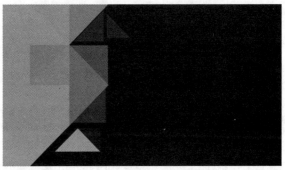

图11-288

**技巧与提示**

过渡视频中原本有白色的色块,这里使用"色彩"效果就可以修改色块的颜色。读者可以任意设置所使用的颜色,这里没有强制规定。

04 在V2轨道上添加500929583.jpg素材文件,并将其放置在00:00:00:10的位置,如图11-289所示。调整图片的大小,效果如图11-290所示。

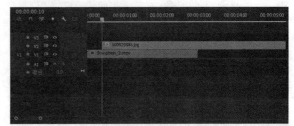

图11-289

图11-290

05 移动播放指示器到00:00:00:10的位置,在"效果控件"面板中设置"缩放"为200,移动播放指示器到00:00:03:00的位置,设置"缩放"为120,效果如图11-291所示。

图11-291

**06** 选中V1轨道上的剪辑,按住Alt键将其向上复制到V3轨道,如图11-292所示。

图11-292

**07** 选中V2轨道上的剪辑,按住Alt键将其向上复制到V4轨道,并设置起始位置为00:00:00:15,如图11-293所示。

图11-293

**08** 选中V4轨道上的剪辑,在剪辑起始位置设置"缩放"为193.8,如图11-294所示。

图11-294

**09** 选中V3轨道上的剪辑,按住Alt键将其向上复制到V5轨道,并设置与V4轨道的剪辑相同的起始位置,如图11-295所示。

图11-295

**10** 为V2和V4轨道上的剪辑添加"轨道遮罩键"效果,按照前面讲过的方法设置相应的遮罩层,效果如图11-296所示。

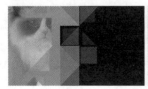 

图11-296

**11** 复制V1轨道剪辑的"色彩"效果,将其粘贴到V2轨道的剪辑上,如图11-297所示。效果如图11-298所示。至此,镜头02制作完成。

图11-297

图11-298

### 11.5.3 镜头03

**01** 返回"序列01"序列面板,在00:00:04:00的位置将Transition_3.mov素材文件放在V3轨道上,如图11-299所示。

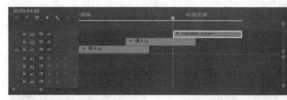

图11-299

**02** 对上一步添加的剪辑进行嵌套,并设置"名称"为"镜头03",如图11-300所示。

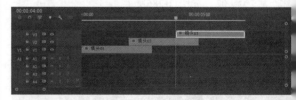

图11-300

**03** 双击打开"镜头03"序列,为V1轨道上的剪辑添加"色彩"效果,并设置"将白色映射到"为粉红色,如图11-301所示。效果如图11-302所示。

图11-301

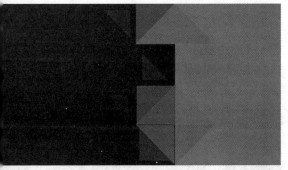

图11-302

04 在V2轨道上添加501028631.jpg素材文件，并将其放置在00:00:00:10的位置，如图11-303所示。调整图片的大小，效果如图11-304所示。

图11-303

图11-304

05 移动播放指示器到00:00:00:10的位置，在"效果控件"面板中设置"缩放"为200，移动播放指示器到00:00:03:00的位置，设置"缩放"为120，效果如图11-305所示。

图11-305

06 选中V1轨道的剪辑，按住Alt键将其向上复制到V3轨道，如图11-306所示。

图11-306

07 选中V2轨道的剪辑，按住Alt键将其向上复制到V4轨道，并设置起始位置为00:00:00:15，如图11-307所示。

图11-307

08 选中V4轨道上的剪辑，在剪辑起始位置设置"缩放"为193.8，如图11-308所示。

图11-308

09 选中V3轨道上的剪辑，按住Alt键将其向上复制到V5轨道，并设置与V4轨道的剪辑相同的起始位置，如图11-309所示。

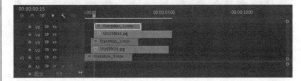

图11-309

10 为V2和V4轨道上的剪辑添加"轨道遮罩键"效果，并设置相应的遮罩层，效果如图11-310所示。

图11-310

11 复制V1轨道剪辑的"色彩"效果，将其粘贴到V2轨道的剪辑上，如图11-311所示。效果如图11-312所示。至此，镜头02制作完成。

图11-311

图11-312

## 11.5.4 镜头04

**01** 通过前3个镜头的制作，可以发现镜头的制作方法基本相同，只是在个别参数上有所不同。在"项目"面板中复制"镜头03"并重命名为"镜头04"，如图11-313所示。

图11-313

**02** 将"镜头04"添加到"序列01"的V4轨道上，并移动剪辑起始位置到00:00:06:00的位置，如图11-314所示。

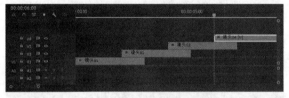

图11-314

**03** 替换"镜头04"中的图片素材和过渡素材，设置过渡素材的"色彩"为紫色，效果如图11-315所示。

图11-315

**04** 将"音乐.mp3"素材文件拖曳到A1轨道，在00:00:08:20的位置对剪辑进行裁剪并删除后半部分剪辑，如图11-316所示。

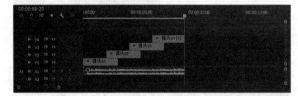

图11-316

**05** 在00:00:08:20的位置添加音频剪辑的"级别"关键帧，在剪辑末尾将"级别"参数调到最小，如图11-317所示。

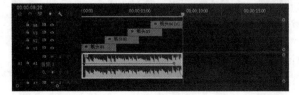

图11-317

## 11.5.5 渲染输出

**01** 单击界面上方的"导出"按钮，切换到"导出"界面，如图11-318所示。

图11-318

**02** 在"设置"中设置"格式"为H.264，并设置导出文件的名称和路径，如图11-319所示。

**03** 在"视频"中勾选"使用最高渲染质量"选项，如图11-320所示。

图11-319

图11-320

**04** 单击界面右下角的"导出"按钮即可开始渲染，系统会弹出对话框，显示渲染的进度，如图11-321所示。

图11-321

**05** 渲染完成后，就可以在之前保存路径的文件夹里找到渲染完成的MP4格式视频，如图11-322所示。

**06** 在视频中随意截取4帧画面，效果如图11-323所示。

图11-322

图11-32

# 附录A 常用快捷键一览表

## 文件操作快捷键

| 操作 | 快捷键 |
|---|---|
| 新建项目 | Ctrl+Alt+N |
| 打开项目 | Ctrl+O |
| 关闭项目 | Ctrl+Shift+W |
| 关闭 | Ctrl+W |
| 保存 | Ctrl+S |
| 另存为 | Ctrl+Shift+S |
| 导入 | Ctrl+I |
| 导出媒体 | Ctrl+M |
| 退出 | Ctrl+Q |

## 编辑快捷键

| 操作 | 快捷键 |
|---|---|
| 还原 | Ctrl+Z |
| 重做 | Ctrl+Shift+Z |
| 剪切 | Ctrl+X |
| 复制 | Ctrl+C |
| 粘贴 | Ctrl+V |
| 粘贴插入 | Ctrl+Shift+V |
| 粘贴属性 | Ctrl+Alt+V |
| 清除 | Delete |
| 波纹删除 | Shift+Delete |
| 全选 | Ctrl+A |
| 取消全选 | Ctrl+Shift+A |
| 查找 | Ctrl+F |
| 编辑原始资源 | Ctrl+E |
| 在"项目"面板中查找 | Shift+F |

## 剪辑快捷键

| 操作 | 快捷键 |
|---|---|
| 持续时间 | Ctrl+R |
| 插入 | , |
| 覆盖 | . |
| 编组 | Ctrl+G |

| 操作 | 快捷键 |
|---|---|
| 取消编组 | Ctrl+Shift+G |
| 音频增益 | G |
| 音频声道 | Shift+G |
| 启用 | Shift+E |
| 链接/取消链接 | Ctrl+L |
| 制作子剪辑 | Ctrl+U |

# 序列快捷键

| 操作 | 快捷键 |
|---|---|
| 新建序列 | Ctrl+N |
| 渲染工作区效果 | Enter |
| 匹配帧 | F |
| 剪切 | Ctrl+K |
| 所有轨道剪切 | Ctrl+Shift+K |
| 修整编辑 | T |
| 延伸下一编辑到播放指示器 | E |
| 默认视频转场 | Ctrl+D |
| 默认音频转场 | Ctrl+Shift+D |
| 默认音视频转场 | Shift+D |
| 提升 | ; |
| 提取 | ` |
| 放大 | = |
| 缩小 | – |
| 吸附 | S |
| 序列中下一段 | Shift+; |
| 序列中上一段 | Ctrl+Shift+; |
| 播放/停止 | Space |
| 最大化所有轨道 | Shift++ |
| 最小化所有轨道 | Shift+– |
| 扩大视频轨道 | Ctrl++ |
| 缩小视频轨道 | Ctrl+– |
| 缩放到序列 | \ |
| 跳转序列起始位置 | Home |
| 跳转序列结束位置 | End |

# 标记快捷键

| 操作 | 快捷键 |
|---|---|
| 标记入点 | I |
| 标记出点 | O |
| 标记素材入出点 | X |
| 标记素材 | Shift+/ |
| 在"项目"面板中查看形式 | Shift+\ |

| 操作 | 快捷键 |
|---|---|
| 返回媒体浏览 | Shift+* |
| 标记选择 | / |
| 跳转入点 | Shift+I |
| 跳转出点 | Shift+O |
| 清除入点 | Ctrl+Shift+I |
| 清除出点 | Ctrl+Shift+Q |
| 清除入出点 | Ctrl+Shift+X |
| 添加标记 | M |
| 到下一个标记 | Shift+M |
| 到上一个标记 | Ctrl+Shift+M |
| 清除当前标记 | Ctrl+Alt+M |
| 清除所有标记 | Ctrl+Alt+Shift+M |

## 图形快捷键

| 操作 | 快捷键 |
|---|---|
| 文本 | Ctrl+T |
| 矩形 | Ctrl+Alt+R |
| 椭圆 | Ctrl+Alt+E |

# 附录B Premiere Pro操作小技巧

## 技巧1：在轨道上复制素材

　　一段视频素材需要被多次使用，一次一次拖曳实在麻烦，该怎么办呢？只要在轨道中按住Alt键，直接拖曳想要的素材就可以快速复制。

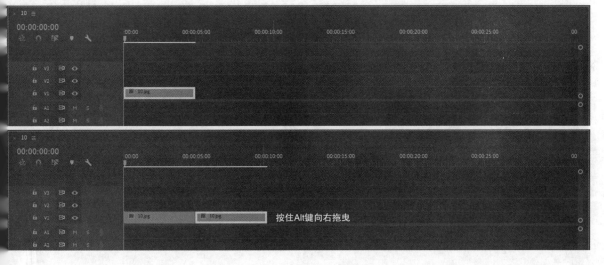

## 技巧2: 在两个剪辑之间插入素材

视频剪辑完成,突然发现有一段视频漏掉了,必须将其放进去该怎么办? 这时可以选中想要插入的素材,将播放指示器拖曳到需要插入的位置,按,键就可以了。(需要注意的是,必须是在英文输入法的状态下按键才能生效。)

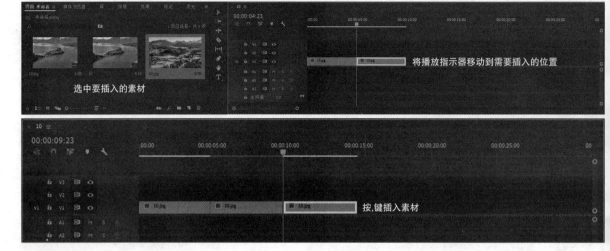

## 技巧3: 同时裁剪多个轨道上的剪辑

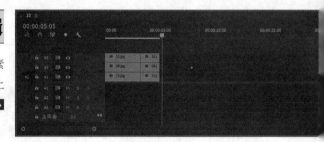

一般来说,"剃刀工具" 只能对一个轨道中的素材进行裁剪。那么应该如何实现同时裁剪多个轨道上的剪辑呢? 这时只要按住Shift键,使用"剃刀工具" 裁剪就可以了。

## 技巧4: 素材间互换位置

有时候需要将一段剪辑中的两个素材互换位置,怎样才能快速实现? 这时只要按住Alt + Ctrl组合键,然后拖曳需要交换位置的素材即可。

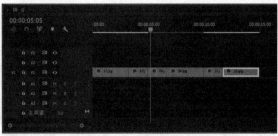

## 技巧5: 快速查看序列效果

通常情况下,查看序列效果可以按Space键。如果想快速查看序列效果该怎么办? 这时只要按L键,就可以用不同的速度查看序列效果。每按一次L键,播放速度都会提升,按Space键就可以恢复原有的播放速度。